TURING 图灵新知

スウガクって、なんの役に立ちますか?: ヘタな字も方
向オンチもなおる!数学は最強の問題解決ツール

如何用 数学 解决实际问题

[日]杉原厚吉 著　　周自恒 译

数学到底有什么用

人 民 邮 电 出 版 社
北 京

图书在版编目（CIP）数据

数学到底有什么用：如何用数学解决实际问题 /
(日) 杉原厚吉著；周自恒译. -- 北京：人民邮电出版
社，2023.10
（图灵新知）
ISBN 978-7-115-62311-9

Ⅰ.①数… Ⅱ.①杉… ②周… Ⅲ.①数学－青少年
读物 Ⅳ.①O1-49

中国国家版本馆CIP数据核字(2023)第130280号

内 容 提 要

　　抽象而复杂的数学在实际生活中到底有什么用呢？本书介绍了一些在日常生活中发挥重要作用的数学和数理思想，探讨了在面对很多棘手问题时，如何借助概率、图论、博弈论、数学模型、向量等知识和思维方法来解决。读者不仅能看到数学在生活中的丰富应用，还能感受到数学的乐趣与魅力。

　　本书的内容深入浅出、简单易懂，适合中小学生水平以上且对数学感兴趣的大众阅读。

◆ 著　　　　[日]杉原厚吉
　 译　　　　周自恒
　 责任编辑　戴　童
　 责任印制　胡　南
◆ 人民邮电出版社出版发行　　北京市丰台区成寿寺路11号
　 邮编　100164　电子邮件　315@ptpress.com.cn
　 网址　https://www.ptpress.com.cn
　 三河市中晟雅豪印务有限公司印刷
◆ 开本：787×1092　1/32
　 印张：6.375　　　　　　　　2023年10月第1版
　 字数：98千字　　　　　　　2023年10月河北第1次印刷
　 著作权合同登记号　图字：01-2023-1957号

定价：59.80元
读者服务热线：(010)84084456-6009　印装质量热线：(010)81055316
反盗版热线：(010)81055315
广告经营许可证：京东市监广登字20170147号

——介绍真正有用的数学

　　在本书中，我会向大家介绍一些日常生活中有用的数学及数理思想。"有用"是本书的重点，书中所罗列的话题都从解决实际问题的角度出发。有一些话题尽管从数学上看很有趣，但它们仅能满足人们的好奇心，并不能解决实际问题，我尽量不去涉及这样的话题。相反，只要能解决实际问题，哪怕有人会说"这也算数学吗"，我也会将这些话题收录进来。当然，这样做的结果就是话题五花八门、十分发散，不能形成一个有条理的体系，但无疑能让大家感受到"原来数学真的很有用"这样一种冲击力。

　　本书内容基于我在面向中小学生的月刊《孩子的科学》中所执笔的长达七年半的连载专栏"押忍①！！数学道"。之所以起"数学道"这样一个颇具武道风格的名字，是因为我在学生时代曾参加过空手道社团，编辑

①　"押忍"原是日本武道修炼者用来打招呼和互相鼓励的用语，可理解为"你好""加油"。——译者注

知道这件事后就提了这样一个名字。当然这个名字也包括另外一层自我鞭策的含义，我要时刻提醒自己，避免只讨论那些喜欢数学的人才会感兴趣的话题，而要致力于介绍那些只要通过努力克服困难就能真正解决问题的技术和思想。秉承着这种精神，我从连载专栏中精选了一些对所有人都会非常有用的话题，并进行了全面的编辑和修订，最终形成本书的内容。

对于数学，有人会觉得让喜欢的人去研究就好了，跟自己没什么关系，也有人会觉得它十分优美和理性，有时间的话自己也很想将其作为兴趣来探究一番。

然而，本书所介绍的数学和上面两种情况都不一样。本书介绍的是可能并不优美，但是任何人都能在生活中运用的那种有点土、有点笨的数学，以及其背后所蕴含的数理思想。其实，与其称这样的内容为数学，不如称之为"工程数学"，即"以数学为工具来解决工程学中的问题"更为恰当。

本书的重点是那些了解后就能够在日常生活中受益的基本数学思想。希望大家能够通过阅读本书，感受到数学是如何对我们身边的事物实际发挥作用的。

杉原厚吉

2017 年 1 月

第 **1** 章 **在职场中有用的数学妙招**

第2章 能够改善生活的数学妙招

第3章　能够充实兴趣的数学妙招

第4章 这种问题怎样用数学的力量来解决

第 5 章 发挥几何的力量解决问题

第6章 其他一些有用的数学

第1章

在职场中有用的 数学妙招

如何提高"获胜的概率"

——知己知彼，百战不殆

【关键词】博弈论

"怎样才能得到最好的结果"——这是在任何比赛中都必须要思考的问题。当然，如果你的实力远超对手，那就根本没必要考虑对手会如何出招。然而，双方的实力通常是旗鼓相当的，在这样的情况下，就需要根据对手的行动来改变策略。无论是在商场上还是赛场上，这样的做法都是通用的。

以棒球比赛为例，在击球手已经身负两个好球的情况下，接下来是选择用最快的反应应对直球呢，还是耐心等待应对变化球呢？即便击球手很擅长打变化球，但如果突然来一个直球，那很可能就三振出局了。反过来说，如果选择应对直球，万一来了一个自己擅长的变化球，也很容易因打出界外球而痛失良机……

像这样通过判断对手的行动来增加自身收益，将损失最小化的策略称为**博弈论**。我们最熟悉的一个博弈论的例子，就是"石头、剪刀、布"。

"石头、剪刀、布" 也是 "提高胜率的方法"

按理说，"石头、剪刀、布" 应该是一种公平的游戏，不存在 "必胜法"。但是，在 "提高胜率" 这方面，还是有一些努力的空间。只玩一次不行，如果和同一个人多玩几次，就可以总结出对手的习惯，并利用这一点来提高自己的胜率。

假设你偶然旁观了小 A 与另一个人的游戏过程。在这里，我们用 "S" 表示石头、用 "J" 表示剪刀、用 "B" 表示布，然后分别用 "胜" "负" "平" 来表示游戏结果。例如，出石头赢了记作 "S 胜"、出剪刀输了记作 "J 负"、出布平手记作 "B 平"。

通过观察小 A 的 9 轮游戏过程，发现结果如下：

> S 胜，J 平，B 负，B 胜，B 平，S 平，
> J 胜，S 负，B 平

也就是说，小 A 第 1 轮出石头赢了、第 2 轮出剪刀平手、第 3 轮出布输了、第 4 轮又出布却赢了……从这些数据中，我们需要分析出小 A 的习惯，并以此来提高自己的胜率。不知道大家有没有什么好主意呢？

分析对手的习惯

最简单的方法就是对石头、剪刀、布的出现次数进行统计，结果发现石头出现 3 次、剪刀出现 2 次、布出现 4 次，因此可以得出小 A 最喜欢出布，最不喜欢出剪刀的结论。但是，我们只观察了 9 轮游戏，如果要用这种方法的话，最好通过更长期的观察得出结论。而且，如果发现小 A 最喜欢出布，你就只出剪刀，也会很快被小 A 察觉。

如果要进一步了解小 A 的习惯，我们可以分析一下"小 A 出完一次后下一次出什么"。我们可以按照表 1-1 的①做一张 3 行 ×3 列的表格，在每一列标上 S、J、B，表示"本次出了什么"，然后在每一行也标上 S、J、B，表示"下次出了什么"。

表 1-1　对"小 A 出完一次后下一次出什么"进行分析

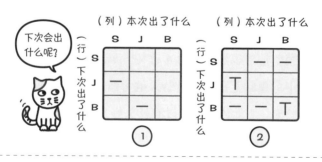

在小 A 的 9 次出手数据中，我们只关注"本次出了什么"和"下次出了什么"这两点。小 A 第一次出 S 然后出 J，于是我们在①的第 1 列（表示本次出 S）和第 2 行（表示下次出 J）相交的格子中加上 1 票。小 A 第二次出 J 然后出 B，所以我们在①的第 2 列和第 3 行相交的格子中加上 1 票。以此类推，我们可以根据小 A 的 9 次出手数据，统计出②中的 8 票结果。

通过观察这一结果，我们可以发现在 S 之后出 J 有 2 次，在 B 之后再出 B 也有 2 次。另外，在 S 之后再出 S 的情况 1 次也没有。这张表看起来很有利用价值，如果能再观察几轮并积累更多数据，就可以进一步提高可信度。相比之前的方法来说，小 A 很难察觉对手分析过他的出手习惯，因此就很有可能会继续重复他所习惯的出手策略。

对手喜欢出什么，不喜欢出什么

我们还可以进一步思考，在"本次出什么，下次出什么"的基础上，把胜负结果也考虑进去，就更容易判断自己应该怎么出手了。

为此，我们可以做一张如表 1-2 所示的 3 行 ×9 列的表格。表格中的列表示"本次出手及其胜负结果"的分组，行表示下次出手。将刚才②的数据填入这张表，就是表 1-2 中的结果。同样，如果能收集更多的数据，就可以对小 A 的出手习惯进行更细致的分析。

表 1-2　将"胜负平"的结果添加到表中

像这样，对对手的习惯进行统计，并分析对手"喜欢出什么，不喜欢出什么"，就可以得出更好的应对策略。不过，即便统计结果显示小 A 最喜欢出布，你也不能光出剪刀，不然就会被小 A 察觉从而改变策略。因此，比较好的策略应该是假装出手没有规律，但暗地里多出几次剪刀，这样应该能多赢几次。

利用"上一次出手的信息"就是"条件概率"

在"对手上一次出了石头"这样的条件下，表示

"下一次出什么"的概率称为**条件概率**。在上一个状态（例如对手上一次出了石头）确定的情况下，接下来可能出现的各种状态（例如对手出石头、剪刀或者布）的"条件概率"就是确定的，这样的过程称为**马尔可夫过程**。

我们在这里所介绍的方法，是假设对手的行动为马尔可夫过程，并根据条件概率的观测数据进行决策。但是，要想这种方法产生更好的效果，就必须积累大量的观测数据，也就是说，努力收集数据是非常重要的。

对《海螺小姐》的石头、剪刀、布环节进行分析

我听说有人竟然真的实践过这样的方法，这真是太令人惊讶了。有一个叫作"海螺小姐石头、剪刀、布环节研究所"的组织。对于动画片《海螺小姐》最后的"石头、剪刀、布环节"，这个研究所收集了过去 25 年的数据，在 2015 年取得了 78.5% 的胜率。

他们所使用的数据分析方法不仅限于"上一次出手的信息"，而是根据过去两次的出手情况来预测当周的出手情况，并从中发现一些规律，如"很少出现连续 3 次出手相同的情况""新一季节目开播时第一集大多数

出剪刀"等。如果海螺小姐的出手是完全随机的，那么便很难进行预测，但其实出什么是由幕后工作人员决定的，因此必然带有某些"习惯"。看来"石头、剪刀、布"当中的门道还不少呢！

投票表决"无法反映大多数人的想法"
——以"最喜欢的东西"和"最讨厌的东西"为例

【关键词】心理悖论

"少数服从多数"是民主的基本原则。当小组成员的意见产生分歧时，往往采用"投票表决"的方式来进行决策。

不过，有时候也会发生一些令人费解的现象，比如"最喜欢的食物，最讨厌的食物""最支持的政党，最不支持的政党"等两极分化的情况。下面我们来看一个具体的例子。

假设 X 公司正在准备创业 30 周年的庆祝活动，每个部门都要表演一个节目。某部门领导在征集员工意见后，提出了"合唱、魔术、短剧"这 3 个选项。

接下来，该部门对这 3 个选项进行投票表决，结果想表演"合唱"的人最多，但与此同时，因为"五音不全，千万别让我唱歌！"这样的理由强烈反对的人也有很多。于是，该部门又对"最不想表演"的节目进行了投票表决，结果大家最不想表演的竟然也是合唱。

这样的结果并不罕见，在实际生活中经常出现。遇到这样的情况，应该如何应对呢?

投票表决的"步骤"很重要

当然，这个部门的员工并不是故意给领导添堵。一般来说，我们都认为投票表决是最公平的方法，是"解决意见分歧的最佳手段"，但实际上并非如此。下面我来解释一下为什么。

假设现在有 A～G 一共 7 个人，让他们按照喜欢的程度对合唱、魔术和短剧进行排序，结果如表 1-3 所示，其中各行的"1、2、3"表示每个人心目中的排序。例如，A 最喜欢合唱，然后是魔术，最后是短剧，而 D 最喜欢魔术，然后是短剧，最后是合唱。

在这样的情况下，如果让 A～G 这 7 个人对"各自心目中的第 1 名"进行投票，显然，A、B、C 这 3 个人会投合唱（因为他们对合唱的喜欢程度排序是 1），D、E 这 2 个人会投魔术，而 F、G 这 2 个人会投短剧。于是，合唱就成了票数最多的选项。

表 1-3　喜欢和讨厌"合唱"的人都是最多的

	合唱	魔术	短剧
A	1	2	3
B	1	3	2
C	1	2	3
D	3	1	2
E	3	1	2
F	3	2	1
G	3	2	1

反过来说，如果要对"最反对的选项"进行投票，也就是让他们投出"各自心目中的第 3 名"，那么 D、E、F、G 这 4 个人会投合唱，A、C 这 2 个人会投短剧，而 B 会投魔术。

明明所有人都是按照自己的想法进行的投票，但赞成票数最多的和反对票数最多的竟然都是"合唱"。

在这个示例中，部门领导不应该一上来就问"你们要表演哪个节目"并让员工投票表决，而是应该先就这

3 个选项与员工进行充分沟通，在听取意见的基础上做出决定。在沟通中，有可能形成"那就表演魔术吧"这样的决定，也有可能无论怎样沟通都无法达成一致意见，而如果仅在实在无法达成一致意见时将投票表决作为最后的手段来使用，那么无论结果如何，大家都会比较容易接受。

在这种情况下，最好是在理解投票表决并不绝对是一种好方法的基础上，和大家约定好"不要抱怨表决的结果"之后再实施，而且表决时最好只对"最喜欢"进行投票，而不要同时对"最讨厌"进行投票。

即便道理相同却依然有不可思议的心理悖论

在小选区中选举国会议员 ① 时，也会出现类似的情况。对于一个待选的席位，政党 X、Y、Z 各派出一位候选人，其中政党 X 的理念与其他两个政党差异很大，而政党 Y 和政党 Z 的理念比较相似。假设此时支持政党 X 的人占 40%，支持政党 Y 和政党 Z 的人各占 30%。

在这种情况下，我们可以预计政党 X 会得票最多从

---

① 日本国会议员部分席位的选举采取小选区制，即每个选区只选出一个席位。——译者注

而当选，但其实对于支持政党 Y 和政党 Z 的人来说，他们可能只是不想把票投给理念最不同的政党 X 而已。此时，如果政党 Y 和政党 Z 能够求同存异，联合参选的话，就可能会取得优势。其实，在实际的选举中，这样的做法屡见不鲜，也没有人会对此感到不可思议。

尽管如此，当自己面对"最想表演的是合唱""最不想表演的也是合唱"这样的结果时，却会感到不可思议，这样的现象本身就很不可思议。毕竟，这两件事背后的道理都是相同的。

没有最优策略，那就退而求其次
——妥善调整岗位和候选者的数量

【关键词】网络与分配问题

在地域自治会[①]为工作人员分配岗位时，有时会出现明明只有一个会计岗位，却有 3 个人报名的情况。这时往往会用石头、剪刀、布的方式来决定，但在人数更多的情况下，候选者和岗位很难进行匹配。

假设现在有 35 个人要参加一场两天一晚的培训活动，活动中有一个环节是让参加者分担清扫工作。每个清扫区域所需要安排的人数如表 1-4 所示，每名活动参加者可以从中选择两个清扫区域。

但是，对于 35 这样比较大的人数来说，如果还要统计第二志愿，任务如何分配，会不会有人抱怨，这些问题的组合就会变得非常复杂。

有没有能满足所有人第一志愿的分配方法呢？如果无法满足第一志愿，能不能满足第二志愿呢？这个案例

---

① 地域自治会是日本市、镇、村中各地域内部居民自发组织的自治组织，又称"町内会"，可以近似理解为我们的"居委会"。——译者注

有些复杂，对于这样的问题到底应该如何思考呢？对于需要组织活动的公司来说，这应该是每天都要处理的问题吧。

表 1-4　如何分配岗位

清扫工作所需人数	
清扫区域	分配人数
A . 走廊	3
B . 黑板	2
C . 厕所	6
D . 地板	8
E . 窗户	10
F . 花坛	6

比直觉和经验更可靠的"网络理论"

当然，对于这样一个复杂的案例，靠直觉是无法分配妥当的。如果通过反复试错来尝试，当人数超过 100 时就完全无从下手了。下面我来介绍一种在遇到类似问题时可以使用的方法。

如图 1-1 所示，在左侧将参加培训的 35 个人按①、②……的顺序纵向排列，在右侧将要清扫的区域按Ⓐ、

Ⓑ、Ⓒ、Ⓓ、Ⓔ、Ⓕ的顺序纵向排列。然后，对于参加者①、②……将每个人与其志愿的区域Ⓐ～Ⓕ用"虚线"连接起来（暂定状态）。接下来，在清扫区域的旁边将该区域所需要分配的人数写在括号中。到这里准备工作就完成了。

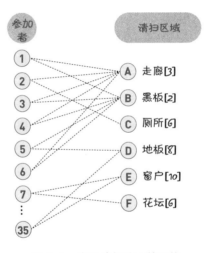

图1-1　表示清扫分工的网络

像图中这样由"点和线"形成的结构称为**网络**。我们可以利用这张网络，逐步确定每名参加者所负责的清扫区域。一开始所有的连线都是虚线，而一旦确定了某个人所负责的清扫区域，我们就可以将相应的虚线改成实线。

下面我们按照从上到下的顺序对每名参加者的志愿进行梳理，对于能按志愿分配到岗位的人（在限定人数内）就直接进行分配，并将相应的虚线改成实线。在图 1-2 中，我们可以看到已经对前 5 名参加者完成了分配。

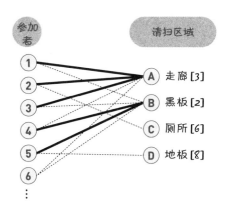

图 1-2　参加者①～⑤已完成分配，但⑥无法进行分配……

现在我们尝试为第 6 名参加者分配岗位，但发现他所选择的区域Ⓐ、Ⓑ都已经满员了，因此无法直接分配。不过别灰心，我们可以尝试以下方法。从第 6 名参加者出发，沿虚线往右，再沿实线往左，接着沿虚线往右，如此往复直到找到一个还有空位的岗位。在图 1-2 所示的例子中，我们可以找到下面这样一条路径。

找到这样一条路径之后，将路径中所有的虚线和实线反转，即将实线改成虚线，将虚线改成实线，结果如图 1-3 所示。这条路径是从虚线开始，到虚线结束，因此在虚实反转之后，实线比原来多了一条，虚线比原来少了一条，也就意味着增加了一名按志愿分配到岗位的参加者。

接下来只要重复上述操作就可以了，也就是说，如果遇到无法直接按志愿分配岗位的参加者，就从该参加者出发，依次交替通过虚线和实线，找到一个"还有空位的岗位"。如果能找到这样一条路径，就将其中的虚线和实线互换，从而确保岗位分配满足所有人的愿望。

如果找不到这样一条路径，则意味着无法满足这名参加者的愿望，除非减少参加者的人数。

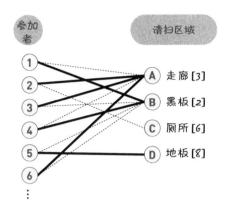

图 1-3　能满足参加者⑥的分配方案

寻找次优方案的"分配问题"

对所有参加者进行同样的操作，就可以得到一种"能尽量满足多人愿望"的分配方案。此时，如果还有人的愿望没有得到满足，则意味着"不存在能满足所有人愿望"的分配方案，只能通过沟通等其他方法来解决问题。

在满足特定条件的前提下，对人进行分配的问题称为**分配问题**。我们可以发现，这是一个比较难的问题，而且，正如刚才所说，这样的问题不一定存在答案。

　　像这样，对于不一定存在答案的问题，我们也能够"确认没有答案"，并且得到一个能尽量满足多人愿望的"次优方案"，这也可以说是数学的威力吧。大家有没有觉得"数学是非常有用的"呢？

多余的信息能够防止出错

——简洁明了并不总是最好的

【关键词】信息冗余

当有人说话既特别啰唆又没有重点时，人们经常会建议他"太冗长啦，请说得简洁明了一点"。然而，如果说话太简洁，也有可能造成对方误解。因此，故意加入一定程度的"冗余"是可以减少错误的。

举个例子，假设你要约某个人见面，如果对方是你很熟悉的人，那么直接说"老地方见"，对方是不会搞错见面地点的。

但是，如果要见面的地点对方没去过，那就不能这样说了，最好是直接在地图 App 上标出来。如果只能用语言来描述地点，往往很难准确地描述出来。比如说"走进中野 Sun Mall 商店街之后的右手边……"，对于没去过东京中野站的人来说，可能会担心搞不清从哪个出口出来，商店街也不知道从北口还是南口进去，也不知道从车站到商店街该怎么走。在这种情况下，要避免对方搞错见面地点，就不能只传达最低限度的信息，而是要"尽量添加多余的信息"。

假设约定见面的地点是"从 R 站西出口出来，沿左侧楼梯下来的地方"。在描述这个地点时，已经包含了"R 站、西出口、楼梯、下来"这几个关键词，看起来已经足够明确了。但是，如果 R 站除了西出口还有东出口，无论从哪个出口出来都有左右两个楼梯的话……

这时，就存在若干可能导致会走错的因素：①可能会搞错东西出口；②可能会搞错左右楼梯。如果错误的方向上没有楼梯还好，但在我们的假设中，两个方向都有"出口"，而且出来之后两个方向都有"楼梯"，这样难免会出现两个人在不同的地方一直等的情况。

此时，我们可以尝试加上一些多余的信息。比如，我们可以改成"从 R 站西出口出来，沿左侧楼梯下来之后有一家面包店，在面包店门口等"。这样说的话，即便对方搞错了出口和楼梯的方向，也可能会因为没有找到那家关键的面包店而察觉到"走错了"。也就是说，通过加上"面包店门口"这一多余的信息，就可以检查有没有走错路。如果担心"还有其他面包店"的话，具体说出面包店的名字就可以了，比如"老字号面包店"。

能够发现和纠正信息传输错误的技术

上面的做法背后的原理是，在传输信息时"通过冗余可以发现错误"。例如，我们要传输一串数字"1359"，考虑到传输过程中会发生错误的情况，假设对方收到的数字串变成了"1379"。对于接收信息的人来说，无法仅通过"1379"这一信息来判断收到的信息是否正确。

如果我们不是简单地发送"1359"，而是将每个数字发送两次，即"11335599"，假设对方收到的信息变成了"11337599"，就可以判断出其中 1、3、9 是正确的信息，而无法确定第 3 个数字到底是 5 还是 7。无论如何，我们可以由此判断出发送过程中"发生了错误"。也就是说，通过将数据发送两次，就"可以检测出错误"。

在此基础上，假设我们将每个数字发送 3 次，即"111333555999"。如 果 对 方 接 收 到 的 信 息 是"111333575999"，即存在一处错误，我们不仅可以和刚才一样发现"第 3 个数字出错了"，还可以判断出原本要发送的正确信息"应该不是 7，而是 5"。也就是说，我们不仅可以检测出错误，还可以纠正错误。

像这样，通过加入一些多余的信息，就可以发现错误；再加入一些多余的信息，就可以纠正错误。

在一些活动宣传单上，经常可以看到"12 月 10 日（星期二）"这样同时标出"日期 + 星期"的写法。12 月 10 日是星期几，看一下日历就知道了，属于多余的信息，但通过增加这一信息，就可以发现宣传单可能出现的印刷错误，或是防止自己的记忆错误，从而提高信息传达的可靠性。

在和别人约定见面地点时，不要觉得是多余的信息就将其省略，而应该尽量把能用上的标志物都传达给对方。

通过加入"多余的信息"来检测和纠正错误的方法

称为使用**校验码**或**纠错码**，是一种用于提高信息传输可靠性的常用技术。这样的错误检测方法在我们的生活中十分常见。以本书封底上的 ISBN 为例，其中最后一位数就是用于检测前面所有数字是否正确的校验码。银行账号的最后一位数也是校验码。

在我们身边可以找到很多为了检测和纠正错误而添加的"多余的信息（冗余数据）"，人们正是利用它们来检测信息中的错误。

如何比较性质不同的事物
——方便的工具"钟形曲线"

【关键词】正态分布、偏差值

公司发奖金时，都有一个评价标准。比如销售部评价最好的是小 A，市场部评价最好的是小 B，他们是各自部门中表现最佳的员工，但是从整个公司的角度来看，谁的表现最好呢？如果要根据这一结果决定谁能拿到最多的奖金，那这个问题就更重要了。在这个时候，最好是有一个客观的评价标准。

例如，在销售部内部的相对评价中，小 A 的评分为 10，其他员工的评分为 8、7、5……而在市场部内部的相对评价中，小 B 的评分为 10，其他员工的评分为 5、3、2……如果说"从整个公司的角度来看，小 B 更好一些"，应该没有什么不妥吧？

像这样，即便没有统一的标准，也不得不进行比较的例子比比皆是。在这种情况下，如果不想依赖主观印象，而是希望用某种数字依据来进行评价的话，能不能找到合适的方法呢？本节要讨论的正是这样一个话题。

使用"偏差值"对性质不同的事物进行比较

假设公司为了增进员工感情，举办了钓鱼比赛和采蘑菇比赛。本来每项比赛都会选出各自的冠军并颁发奖杯，但要在两名冠军中再选出一名颁发公司总冠军奖杯的话，那么钓鱼比赛的冠军和采蘑菇比赛的冠军，他们两个人应该用怎样的标准来衡量呢？下面我们就来思考一下这个问题。

这个问题的本质是"对性质不同的事物进行比较"。这是一个很难的问题，但并不是没有解决办法。我们可以利用"偏差值"这个工具来进行比较。

因为偏差值的计算过程比较麻烦，所以我们就重点讲解一下其中的基本思想，即为什么可以使用偏差值来进行比较。

首先，参加钓鱼比赛的人计算出各自钓上来的鱼的总重量，然后按照 0 千克、1 千克、2 千克……划分不同的区间，统计出位于每个区间的人数。于是，我们可以画出图 1-4 这样用高度来表示人数的柱状图。这样的图称为**直方图**。

其次，对于参加采蘑菇比赛的人，也让他们计算出各自采的蘑菇的总重量，然后按照重量的区间统计人数，画出图 1-5 这样的直方图。众所周知，一条鱼比一朵蘑菇要重，因此我们不能把钓鱼和采蘑菇这两件事简单地混在一起进行比较。

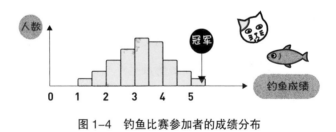

图 1-4　钓鱼比赛参加者的成绩分布

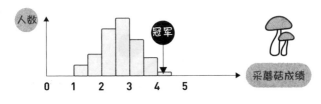

图 1-5　采蘑菇比赛参加者的成绩分布

用钟形曲线拟合直方图

在图 1-4（钓鱼成绩）和图 1-5（采蘑菇成绩）的示例中，就每个人所收获的重量来看，显然是钓鱼组比采蘑菇组要重。此外，还可以发现在钓鱼组中，钓得少的人和钓得多的人之间的差距是比较大的。相对来说，采蘑菇组的参加者之间成绩的差距就没有那么大。通过观察两张直方图，我们可以发现两者在性质上有较大的差异。

要对两者进行比较，首先，如图 1-6 所示，找到一条能够拟合直方图的"钟形曲线"。然后，如图 1-7 所示，将直方图平移，使得两张图中钟形曲线的最高点相互重合。最后，如图 1-8 所示，将其中一张图沿横轴方向和纵轴方向分别进行缩放，使得两条钟形曲线能够完全重合。

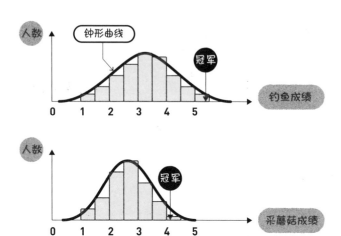

图 1-6　用钟形曲线分别覆盖两张直方图

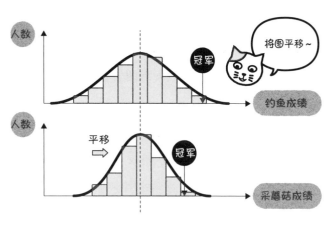

图 1-7　让两张图的最高点相互重合

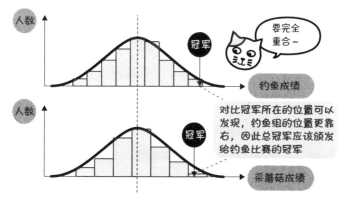

图 1-8　让两条钟形曲线重合

在进行图 1-6～图 1-8 的变形操作时，钓鱼比赛和采蘑菇比赛各自冠军所在的位置会随之变化，我们需要将变化过程记录下来。在图 1-8 中，钓鱼比赛的冠军位于更靠右的位置，因此综合钓鱼、采蘑菇两项比赛的成绩，我们认为总冠军应该是钓鱼比赛的冠军。

偏差值与正态分布曲线

这种方法的前提是，参加钓鱼比赛的人和参加采蘑菇比赛的人，他们的技术水平都差不多，水平的差异分布比较自然。如果这一前提是成立的，那么我们认为其直方图可以用一条左右对称的钟形曲线来拟合。

拟合曲线之后，再进行平移和缩放，让两条曲线重合。在两条形状相同的钟形曲线上，我们可以对两组的冠军进行比较，这就是这种方法背后的思想。

如图 1-9 所示，在钟形曲线的正中间标上 50，在占总面积 68.3% 的区域左右两端对称的位置各标上 40 和 60，这些标记的数就称为**偏差值**。偏差值越大，就代表它离整体越远，是一个"鹤立鸡群"般的存在，因此我们在图 1-8 中实际上比较的是两组中冠军的偏差值。

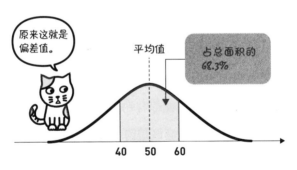

图 1-9 完成！这就是正态分布曲线

我们在这里提到的钟形曲线也称为**正态分布曲线**。它是一种能够表示多种现象的具有代表性的分布曲线。

如何避免让关系不好的人离得太近

——如何在聚会中安排座位是职场必备知识

【关键词】图论

　　有些人关系很好，有些人则怎么都不对付。如果同时邀请关系不好的人参加公司的创业纪念聚会或者总裁就任典礼之类的活动，还要让他们坐在同一张圆桌上，在安排上就得特别小心。万一搞不好，被邀请的公司老板就会不开心，以后的生意可能也会受到负面影响。如果你是负责安排座位的人，你会采取怎样的策略呢？

　　在这种情况下，我们可以将好感度（或者厌恶度）分成几个等级来考虑。假设分成下面 5 个等级：

　　① 绝对不能相邻；

　　② 尽量不要相邻；

　　③ 相邻不相邻无所谓；

　　④ 尽量相邻；

　　⑤ 绝对要相邻。

最后的⑤可以理解为两人是同一个公司的领导，或者两人是家属关系。在这里，我们将每名聚会参加者的编号写在圆圈里，其中每两人之间的好感度等级用他们之间"连线的粗细"来表示。

现在，假设有 A～G 共 7 名参加者要坐在同一张圆桌上，其中每两人之间的好感度如图 1-10 所示。

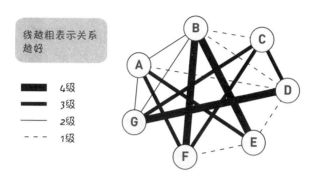

图 1-10 用图来表示相邻两人之间的"好感度"

选择连线较粗的人

这样的结构称为**图**，其中每个圆圈称为图的**顶点**，每条线称为图的**边**，沿着边走回到起点的路径在图中称为**环**。在这张图中，我们需要寻找一个连接所有顶点的环，并且使得所经过的边尽量粗。

如图 1-11 所示，将 A → G → D → C → F → B → E → A 这个环中的连线粗细程度加起来，得到：

$$2+4+3+3+4+4+3=23$$

第一个 2 是 A 和 G 之间的连线粗细程度，后面的 4 是 G 和 D 之间的连线粗细程度，以此类推，具体数值参照

图 1-10 图例中的等级说明。

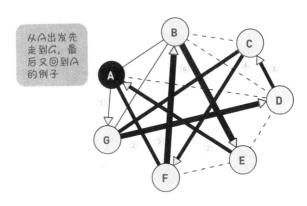

图 1-11　寻找经过粗线回到起点的环

这是一个比较大的结果，接下来只要按照图 1-11 的路径按顺序围绕圆桌安排座位，就得到了图 1-12 所示的座位图。在这张座位图中，相邻的人都是以粗线相连的，因此就得到了一个理想的座位顺序。

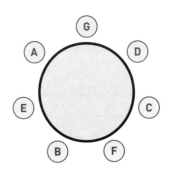

图 1-12　按图 1-11 中的环确定的座位顺序

　　只看图 1-10 的话，可能很难找到一个由粗线连成的环。此时，不要先画出所有的线，而是只画粗线，当线不够用时，再把较细的线画上去，如此反复。我们来实际尝试一下这种方法。

　　只保留图 1-10 中粗细为 4 的线，此时无法形成一个包含所有顶点的环，因此再加上粗细为 3 的线，这样就形成了图 1-13 的样子。此时依然无法形成一个包含所有顶点的环，但我们可以通过这张图上的边先到达尽量多的顶点，遇到实在无法到达的顶点时再使用粗细为 2 的线，这样就可以找到图 1-11 中的环。比起直接看图 1-10 来说，看图 1-13 进行思考会更容易一些。

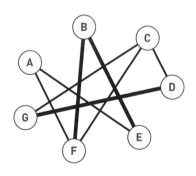

图 1-13　只有 4 级和 3 级的粗线边构成的图

如果可以分成两桌

如果分成两桌坐也可以，那么在图 1-13 的状态下就可以得出结果了。使用图 1-13 中的边，可以如图 1-14 中的黑线和黄线所示，将所有的顶点分配到两个环中。此时，每个环对应一张桌子的座位顺序，结果如图 1-15 所示。

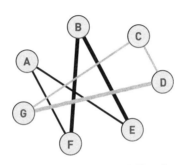

图 1-14　图 1-13 中形成的两个环

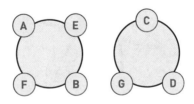

图 1-15　按图 1-14 得到的两桌座位顺序

像这样按是否愿意相邻的"粗细"程度画出图，并选择由尽量粗的边形成的环，就可以得到理想的座位顺序。

如果增加图中顶点的数量，找到边的粗细程度总和最大的环就会变得困难。此时，我们可以不用纠结于一定要找到最大的，只要找到相对来说由粗边构成的环就足够了，这也是在实际使用这种方法时可用的一个技巧。

可能有人会觉得"数学中的图论是很难的"，但如果知道图论可以用来解决这种身边常见的问题，就可以拓展数学的应用场景，乐趣也能成倍增加。

感觉更有乐趣了。

来得早不如来得巧，最智慧的占位法
——预测最终的拥挤程度，留出不会被加塞的距离

【关键词】用数学模型解决问题

每到春季，日本的很多公司会借欢迎新员工的机会[1]，举办赏花大会。这个时候往往需要早点到现场，一开始可能会因为占到一个好位置而感到很开心，但后来的人也都会凑过来，最后感到十分拥挤。想必很多人遇到过这样的情况吧？

由此可见，有时候并不是来得越早越好。有没有一个在最后关头找到不太拥挤的位置的"究极占位法"呢？接下来我们就来讨论一下这个问题。

每一组来公园赏花的人会按照到达的顺序选择自己喜欢的位置，但是新来的组在挑选位置时，并不是完全随机选择的，而是有一定的原则。这个原则就是，在到达公园时，会"倾向于选择当时相对比较空的位置"。这应该是大家的一种日常生活经验吧？假设有一个很大的会场，可以自由选择座位，如果有一个不认识的人已经就座，那我

---

① 春季是日本的入学季和毕业季，因此大量毕业生会在春季进入公司工作。——译者注

们一般不会选择坐到他旁边去，道理是一样的。

那边有空位……

假设公园的形状是一个长方形，每组来赏花的人所占据的位置用点来表示。我们假设新来的组都会"选择尽量远离别人的位置"，也就是说，我们假设新来的组会在所有不包含已经存在的点的圆（称为**空圆**）中，找出最大的那个圆（**最大空圆**），并占据圆心所在的位置。这样的策略应该是很合理的。这样的假设称为表示某种现象的**数学模型**。但是，如果存在多个最大空圆，则随机选取其中一个。

图 1-16 所示的是根据这个模型来选取位置的一个

例子。从正中央的点开始，按编号的顺序放置后面的点。从这张图可以看出，有一些位置和附近的点距离很近，比较拥挤，也就是说，早早过来占位置并不能保证到最后能拥有一个舒适的赏花空间。

如果将和图 1–16 相同数量的点均匀分布，结果就是图 1–17 的样子。和图 1–16 相比，图 1–17 中所有的组之间距离都差不多，也就没那么拥挤了。

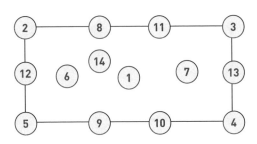

图 1–16　按到达赏花现场的先后顺序，
选取最大空圆圆心位置的情况

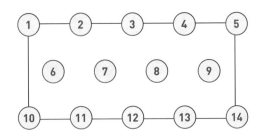

图 1–17　不按最大空圆圆心，而是平均安排位置的情况

打破原则的勇气

　　要避免拥挤，应该怎样选择位置才好呢？要做到这一点，需要故意打破原则的勇气，也就是说，在到达现场时，故意不遵循"选择离别人最远的位置"这个原则，而是先预测出最终的拥挤程度。在较晚到达的情况下，估算出一个不大可能会被加塞的距离，然后按这个距离在其他组的附近选择一个位置。这样一来，至少在这个方向上可以保证有一个舒适的距离。

　　同样，这种策略也适用于电车上的长条形座椅，或者情侣一起坐在海堤上看美丽夕阳的情景。

第 2 章

数学妙招

能够改善生活的

如何快速、准确地调配出所需温度的水
——宇宙之书用数学的语言写成

【关键词】反比的应用

> **问题**
>
> 　　在很多调配工作中，温度控制是不可或缺的，比如"泡茶要用 80℃左右的水""做面包的生面团需要 40℃左右的水"。但是控制温度很麻烦，有没有一种方法能够快速、准确地调配出所需温度的水呢？

　　我们可以用温度计来测量水温，但如果手头没有温度计，是不是就没办法调配出特定温度的水呢？其实，还真有一个很方便的方法。

　　温度不同的水混合后的水温，是由混合量的**反比**决定的，我们可以利用这一规律。首先来明确水的两个性质：

① 冰水的温度为 0℃（冰水指的是冰水混合物）；
② 沸水的温度为 100℃。

简单来说，就是"冰水是 0℃，沸水是 100℃"。将冰水混合物中的冰取出来，就可以得到 0℃的水，而 100℃的水可以通过将水烧开得到。

确定沸水和冰水的混合比例

假设我们把 0℃的水和 100℃的水按等量（1∶1 比例）混合，如图 2-1 所示，可以得到中间温度，即"50℃的水"，也就是正好处于 0℃和 100℃的中间位置（1∶1）。

如果按照"1 份 0℃的水，3 份 100℃的水"这样的比例混合，结果会如何呢？冷热水的比例会影响混合后的水温，如图 2-2 所示，混合后的温度正好位于 0℃和 100℃之间 3∶1 分割处的位置，也就是 75℃的水。由此可见，混合后的温度，正好是 0℃和 100℃之间按混合比例的反比分割位置的温度。

为什么温度正好是反比呢？这是因为混合前和混合后，热的总量是不变的。就好像有 3 个人手里各有 100 元，有 1 个人手里有 0 元（也就是手里没有钱），如果把这些钱汇总后平均分给这 4 个人，那么每个人手里的钱就是 $(100 \times 3) \div 4 = 75$ 元，水的混合也是一样的道理。

因此，要调配出 a℃的水，只要将 100℃的水和 0℃的水按照 $a : (100 - a)$ 的比例混合就可以了（见图 2-3）。

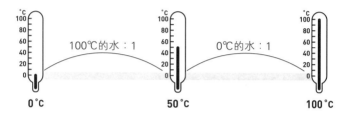

图 2-1　将 100℃的水和 0℃的水等量混合得到 50℃的水

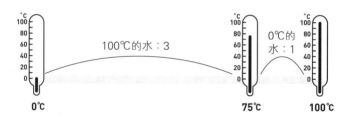

图 2-2　将 100℃的水和 0℃的水按 3∶1 的比例混合

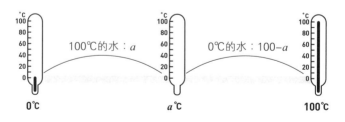

图 2-3　所需水温与水量的关系是？

宇宙之书用数学的语言写成

冷水和热水混合后的温度是多少，是由自然规律决定的，这本来和数学没有什么关系。但是，正如这个例子所体现的，数学经常用来"表达自然规律"。由此可见，数学具有解释日常现象的力量。16 世纪著名的意大利科学家伽利略·伽利雷就曾说过一句名言："宇宙之书是用数学的语言写成的。"这句话的意思就是"我们可以用数学来准确表达自然界的规律"。哪怕不关心宇宙这么大的话题，我们依然可以用数学知识帮自己调配出所需温度的水，让日常生活变得更加方便。

如何快速找出想听的 CD
——计算机实际使用的高效查找方法

【关键词】二分查找

问题

我有很多 CD 唱片，每次寻找想听的 CD 都很费时。在不用计算机之类工具的情况下，有没有通过简单的整理，就能快速找出想听的 CD 的方法呢？

当很多书排列在书架上时，我们可以通过书脊上的书名找到想要的书，但是 CD、DVD 之类的光盘，相当于书脊的部分都非常窄，很难通过从侧面看标题来寻找，而用计算机来管理 CD 好像更麻烦。下面我们就尝试用数学的智慧来帮助整理吧。

要从很多东西中快速找到想要的东西，秘诀就是"确定一个规则，对所有东西进行排序"。大家马上会想到按照日期、名称等来排序。日期是由数字组成的，只要按照数字从小到大排序即可，而名称则可以按照拼音或字母顺序来排序。

对数字、字符进行排序时，用来排序的信息称为**关键字**。将 CD 按日期（购买日期、发售日期等）排序似乎比较困难，这里我们就将"歌手名"作为关键字来进行排序吧。接下来，按照歌手名的顺序将 CD 排成一列。需要注意的是，听完的 CD 一定要放回原来的位置，这一点非常重要。到这里，准备工作就完成了。

查找方法就是减半、减半、再减半……

我们该如何快速、准确地找到想要的 CD 呢？

首先，取出最中间的一张 CD。注意，并不需要严格地拿出正中间的那张 CD，目测差不多是中间就可以了。然后，比较一下这张 CD 与要找的那张 CD 的关键字（关键字是歌手名）。此时，会有以下 3 种情况。

第一种情况，运气超好，正好拿到了想要的 CD。这种好运气大概一年才能碰上一次，一般是不会遇到的。

第二种情况，拿到的 CD 位于想要的 CD 前面（按关键字排序）。"在前面"就意味着可以将查找范围缩小到这张 CD 的前面一半。

第三种情况和第二种情况相反，拿到的 CD 位于想要的 CD 后面（按关键字排序）。此时，只要继续在"后面一半"的范围内进行查找就可以了。果然查找范围缩小了一半。

遇到第二种或第三种情况时，在剩下的一半查找范围中，再次取出位于中间的一张 CD，并和要找的 CD 进行关键字比较，这样就可以继续将查找范围缩小到前面一半或后面一半。重复这一步骤，就可以找到想要的 CD 了。

使用这种方法，几次可以找到想要的 CD 呢？每次取出一张 CD，都可以将查找范围缩小一半。假设总共有 n 张 CD，则第一次取出 CD，查找范围就会变成 $n \div 2 = n/2$（张）。再次取出 CD，查找范围又缩小一半，

即 $n\div(2\times2)=n\div2^2=n/4$（张）。重复这一步骤，假设总共取出 k 次，则查找范围就会变成 $n\div2^k=n/2^k$（张）。当查找范围中的 CD 数量小于 1 时，就找到了想要的那张 CD。

如果还找不到想要的 CD 怎么办

如果到这个时候还没找到想要的 CD，那就只有两种可能。第一种可能是"想要的 CD 根本就不在架子上"。比如说，借给朋友了还没还回来，但是自己忘记了这件事。第二种可能是上次听完放回去的时候搞错了位置。这种"放错位置"的情况尤其麻烦，因为要想找到这张 CD，就需要把所有的 CD 都看一遍。

因此，"将 CD 放回原位"是一个十分重要的原则。有时我们会在图书馆看到有些书放在了错误的书架上，这些书即便都贴着编码，要找到它们也是非常困难的。

总结一下，在 CD 已经正确排序的情况下，要找出想要的 CD，需要从中间取出的 CD 数量如表 2-1 所示。

在这张表中，左边一列（n）和右边一列（k）之间的关系是，将 2 连乘右边一列的次数就可以得到左边一

列的数。例如，将 2 连乘 5 次（右列）等于 32（左列），
连乘 10 次（右列）等于 1024（左列）。

表 2-1　找到 CD 所需要的次数

哪怕有1000张，也最多需要10次就能找到。

n	k
2	1
4	2
8	3
16	4
32	5
⋮	⋮
1024	10

n =CD数量，k =取出次数

数量越多，威力越大

这种方法乍一看可能会觉得"很麻烦，效率不高"，
但其实 CD 的数量越多，就越能体现这种方法的便利
性。通过表 2-1 可以看出，CD 的数量增长得很快，但
取出 CD 的次数没怎么增长。即便有 1000 张 CD，也最
多进行 10 次比较就能找到想要的 CD。是不是感到很惊
奇呢？

其实，这种方法利用了大家非常熟悉的一个性质。
将一个数不断翻倍，就会得到 2、4、8、16、32、64、

128、256、512、1024……即将 2 连乘 10 次的结果就会超过 1000，再连乘 4 次结果就会超过 10 000，这个增长速度是非常快的。

我们所使用的方法是将这一性质反过来用，也就是说，将一个数（所有 CD 的数量 n）减半、减半、再减半……重复这一过程，很快就可以将结果缩小到 1，此时无论如何都能找到想要的 CD。

像这样，每次比较都可以将查找范围减半的查找方法称为**二分查找**，是用于从庞大的数据库中快速找出所需数据的基本技术之一。

如今，便利店、交通卡等每天都会产生海量的数据（大数据）。要想不迷失在数据的汪洋大海之中，反过来还要有效利用这些数据，掌握"尽可能快速找到想要的东西"这一查找技术非常重要。用二分查找来找到想要的 CD 的方法，正是这样一种基础的数据查找技术。

快速找到想要的数据。

如何缓解"写字太丑"的自卑感
——不要只看单个字，而要追求整体均衡

【关键词】几何均衡

看到这个标题，是不是有人会期待我讲一种"一夜之间让写的字变好看的方法"呢？很遗憾，这样的方法还真没有。最近出现了一些会模仿书法家笔迹的机器人，但我们也不能走到哪里都带着这么个机器人吧？不过，虽然没办法一夜之间写出漂亮的字，但是有办法让字变得不那么难看。

出乎意料的是，我所见过的总裁、部长等身份地位较高的人中，不少人有一种"我的字写得不好看"的自卑感。究其原因，他们会说："签合同自不必说，像参加婚礼、葬礼等，都必须手写签名，别人一眼就能看出谁的字好看、谁的字难看。"如果字写得很难看，就算当上总裁也会感觉没面子，但又没有决心和时间去练习毛笔字或硬笔字……如果你是这样的人，那本节的内容应该能帮到你。

不要追求优美，而要追求均衡

具体该怎么做呢？关键是要写出看上去"均衡的字"。如果能做到这一点，即便是字写得不好看，也可以很快得到改善。这就是数学的力量。下面我们就来讨论一下文字的均衡。

第一条原则：在方格中均衡使用整体空间进行书写

请想象一下稿纸的样子，上面布满了正方形的格子。如果你写的字相对于格子太小，或是太大而超出了格子，抑或是写的字挤在格子的角落里，这样的字看起来就不均衡。即便每个字写得都还可以，但整体来看就会感觉不均衡，看上去字就写得不好看。因此，写字时均衡地安排好空间，是让字看起来更好看的第一步。

第二条原则：仔细写好一笔一画

写字时笔画不要潦草，而是要一笔一画地写，该动的时候动，该停的时候停。

在方格中写字时，笔画如何排列才能看上去比较均衡呢？如果把字看作"由线构成的图形"，那么这个问题可以理解为"什么样的图形看起来比较均衡"。

图2-4中有3个由方格中随意画出的线构成的图形。这3个图形中，哪一个看起来最均衡呢？我认为图形ⓒ是最均衡的。

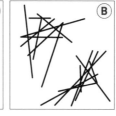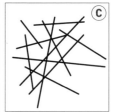

图2-4 均衡安排线的位置，不要挤在某一端

首先看Ⓐ，里面的线都挤在了格子的一部分空间中，也就是构成图形的线的**重心**偏了。没错，要让字看起来均衡，就要将它的中心（重心）安排在格子的中央附近。这就是写好字的第三条原则。

第三条原则：将图形的重心居中

另外，图形Ⓑ的重心确实位于中央附近，但很多条线都集中在某个地方，可以明显看出有些地方密度很大，有些地方密度很小，这样看起来也不均衡。最好是避免笔画极端集中的情况，从而使字从整体上看均匀一些。于是，我们便得到了写好字的第四条原则。

第四条原则：让笔画的密度尽量均匀

像这样将工整图形所具有的性质直接搬到写字上，在写每一个字的时候尽量满足这 4 条原则，特别是注意按第四条原则，让笔画之间的间隙尽量均匀，写出来的字就会看起来比较均衡和美观。

当然，买一本字帖进行大量的练习也是一种很好的方法，不过只要遵循上面这 4 条写好字的原则，就可以产生立竿见影的效果。

文字列倾斜视错觉与视觉调整

最后再补充一点，字不是一个一个独立存在的，但这并不是说，只要把字全部整齐排列在一起就可以了。例如，印刷体文字本身就设计成均衡、工整的，但将这样的字像图 2-5 这样水平排列起来，从整体来看也会觉得是倾斜的。这样的现象称为**文字列倾斜视错觉**。因此，将文字排列起来时，还要注意整体看起来是否均衡。

十一年十一年十一年十一年十一年十一年
十一年十一年十一年十一年十一年十一年

年一十年一十年一十年一十年一十年一十
年一十年一十年一十年一十年一十年一十

图 2-5　哎呀，文字看起来好像是倾斜的

　　除了"文字列倾斜视错觉"，还有一种称为"视觉调整"的技巧。像"大"这样的字可以在方格里写得满一些，但像"国"这种包围结构的字，如果也写得很满，看上去就会比"大"字显得更大。因此，对于包围结构的字（国、口、围等），就要稍微写得小一些，才能在整体上显得更均衡。

　　像这样将字作为图形（几何）来看待，就可以通过数学上的"重心""密度"等视角来判断字是否均衡，从而找到把字写得更好看的方法。

如何找到最不摇晃的座位
——到底哪个座位最摇晃

【关键词】模拟

> 问题
>
> 乘坐新干线出差时，同一节车厢里有些座位比较晃，有些座位就没有那么晃。有什么方法能判断哪些座位比较晃，哪些座位不那么晃吗？

在纸上模拟列车的摇晃

列车摇晃的原因有很多，比如轨道的变形、列车缓冲装置的工作、连接器的结构，以及当天当地的横风强度等。因此，"哪个座位最好"是不能一概而论的。

但是，如果从"图形"的角度来看列车，至少可以明确一个关于摇晃幅度的事实。那就是，在同一节车厢中，靠中间的座位摇晃幅度最小，越靠近两端的座位摇晃幅度越大。下面我们用图来分析一下。

如图 2-6 所示，从上往下看时，车厢的形状是一个细长的长方形，其中 4 个黄色的椭圆形代表车轮。车轮位于车厢靠近两端的位置。列车在轨道上行驶，我们假设车厢的行驶方向是从右往左。

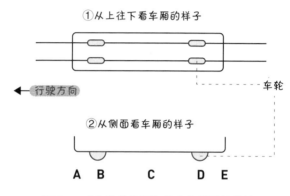

图 2-6 "车轮的位置"是座位摇晃的关键

如图 2-7 所示，我们将车厢看成一条没有宽度的线段，将车轮看成两个点。省略不需要的条件，可以帮助我们以更简单的方式来思考问题。

现在我们从车厢的头部开始，依次标记为 A、B、C、D、E，其中 A 为车厢头部，B 为前轮，C 为中间位置，D 为后轮，E 为尾部。

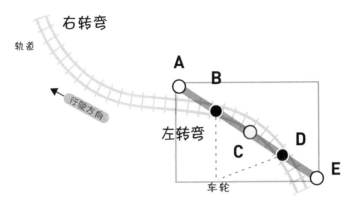

图 2-7　车厢行驶中的左右转弯

在转弯时哪里摇晃幅度最大呢?

　　通过弯曲轨道是造成列车摇晃的原因之一。现在,如图 2-7 所示,假设列车要通过一处连续的弯道,先向左转弯,再向右转弯。于是,从图上我们可以看出,整节车厢除了车轮所在的 B、D 的位置一直位于轨道上,其他的位置都会在一定程度上脱离轨道。

　　首先,由于车轮所在的点 B 和点 D 总是位于轨道上,因此它们所经过的轨迹与轨道的形状是相同的。其次,车厢中间的点 C,如图 2-8 所示,总是会通过弯道的内部。因此相对于轨道来说,它左右摇晃的幅度就较小（图 2-8 中的黄色曲线）。

最后，车厢头部的点 A，如图 2-9 所示，会通过弯道的外部。因此相对于轨道来说，它左右摇晃的幅度就较大。

也就是说，位于中间的点 C 的位置，相当于车轮所在的点 B 和点 D 的平均位置，因此点 B 和点 D 的左右摇晃只会对点 C 产生较小的影响。相对而言，位于头部的点 A 会跑到轨道外侧，因此点 B 和点 D 沿轨道左右摇晃就会对点 A 产生较大的影响。

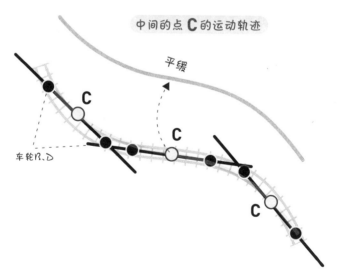

图 2-8　中间的点 C 摇晃幅度较小

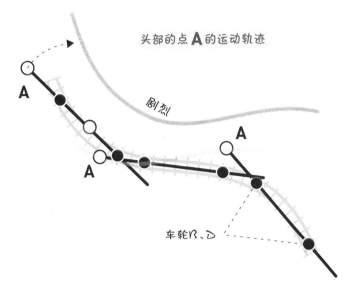

头部的点 **A** 的运动轨迹

剧烈

A

A

A

A

车轮B、D

图 2-9　头部的点 A 摇晃幅度较大

就弯曲程度而言，对比图 2-8 和图 2-9 可以得出以下结论：

① 点 C 的运动轨迹比轨道更平缓；

② 点 B、点 D 的运动轨迹与轨道相同；

③ 点 A 的运动轨迹比轨道更剧烈。

调转车厢的行驶方向，结果也是一样的，因此位于尾部的点 E 的运动轨迹在弯曲程度上和点 A 是同等剧烈的。轨迹的弯曲程度剧烈意味着摇晃幅度大，因此我们可以得出结论：车厢两端的座位摇晃幅度是最大的。

聪明的商务人士会选择中间的座位

由此可见，在选择座位时，要尽量选择靠近车厢中间的位置，而不是车厢两端出入口的位置。可能有人会觉得"靠近出入口的座位上下车比较节约时间"，但这种便利仅限于上下车的时候。新干线一般都会乘坐一两小时，如果要有效利用乘车的时间，还是应该选择靠近中间的座位。乘坐公交车也是一样的，容易晕车的人应该选择靠近中间的座位。

新干线的指定席[①]票价对于所有座位来说是相同的，乘车这段时间是用来读书学习，还是因为太晃只能睡觉，对于商务人士来说是有很大区别的。

既然所有座位的票价都一样，那么我们就可以选择价值最高的座位。从这个角度来说，数学是非常有用的。

---

① 日本新干线的车票分为指定席和自由席两种，其中指定席可以选择座位，对号入座，票价比较贵；自由席不能选择座位，上车后需要寻找空闲座位就座，票价比较优惠。——译者注

冰箱里的果汁是如何变冷的
——用曲线描绘冷却的过程

【关键词】观察图表

问题

　　在聚会开始前两小时将果汁放进冰箱。放进冰箱前，果汁的温度是 21℃，一小时后温度变成 13℃，下降 8℃。本以为再过一小时会再下降 8℃，变成 5℃，然而实际上只下降到 9℃。我想知道果汁冷却到目标温度需要多长时间。放进冰箱的物品温度到底是如何下降的呢？

　　放进冰箱的物品之所以会变冷，是因为它自身的热量转移到了周围的空气中。这种热量的流动是和该物品与冰箱中空气的温差成正比的。因此，物品冷却的速度也是和它与冰箱中空气的温差成正比的。

一小时后下降 8℃，两小时后就会下降 16℃吗?

假设冰箱中的空气温度设置为 5℃，那么它与 21℃ 的果汁之间的温差为 21−5＝16（℃）。因此，在一开始时，果汁的冷却速度是与 16 成正比的。实际上一小时后测量发现，果汁从 21℃ 下降到 13℃，此时果汁与冰箱中空气的温差为 13−5＝8（℃）。因此，一小时后果汁的冷却速度是与 8 成正比的，和一开始相比的话，8÷16＝0.5，即只有一开始的一半。由于冷却速度减半，因此接下来的一小时果汁下降的温度不是 8℃，而是只有 4℃，也就是从放进冰箱起两小时后，果汁的温度会在 13℃ 的基础上下降 4℃，即 13−4＝9（℃）。

表 2−2 总结了时间和温度的关系。从中可以看出，每经过一小时，温差就会减半。

表 2−2　果汁与冰箱中空气的温差、时间差的比例

时间	0	1	2	3	4	5
与冰箱中空气的温差	16	8	4	2	1	0.5
温差的比例		1/2	1/2	1/2	1/2	1/2
果汁的温度	21	13	9	7	6	5.5

一般来说，如果一开始的温差为 a℃，一小时后温差变为 b℃的话，则每小时的温差变化率为 b/a。

在这个例子中，$a=16$，$b=8$，因此每小时的温差变化率为 1/2。

用画图的土办法来预测答案

如果将 21℃ 的果汁放到冰箱里一小时后变成 17℃，之后会如何呢？一开始的温差为 $21-5=16$（℃），一小时后的温差变为 $17-5=12$（℃），因此每小时的温差变化率为 $12÷16=0.75$，也就是 3/4。

在这种情况下，每小时的温度变化如表 2-3 所示，即每小时温差都会变为原来的 3/4。

表 2-3 若第一小时温差从 16℃ 降到 12℃，随后的温度变化情况

时间	0	1	2	3	4
与冰箱中空气的温差	16	12	9	6.75	5.06
温差的比例		3/4	3/4	3/4	3/4
果汁的温度	21	17	14	11.8	10.1

由此可见，只要知道了冰箱中空气的温度，以及要冷却的物品经过一小时后的温度，就可以预测出随后温度的下降情况。如图 2-10 所示，先计算出每小时的温度，并将这些点用平滑的曲线连接，就可以通过图表读出到达目标温度所需的时间。

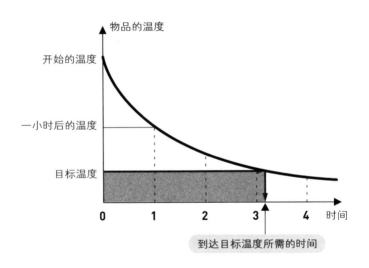

图 2-10　放进冰箱的物品的冷却时间与温度的关系

像这样，将测量出的值画成图来读取所需的结果，也是一种解决问题的办法。虽然它不像通过计算直接得出答案那么"聪明"，但用这种"土办法"得到想要的答案，也是让数学变得更实用的技术之一。

想赞助，又怕手头紧
——用数学来比较"效用的价值"

【关键词】边际效用

在世界上有很多相互矛盾的事物。比如说，你非常热爱自己的家乡，想以公司的名义赞助家乡的一支足球队 Y 队（以下称你的公司为 X 公司）。一方面，你想通过提供大量的赞助为家乡的发展做贡献，但另一方面，你的 X 公司只是一家小型企业，资金不足会给经营带来困扰。你可能会纠结到底赞助多少钱比较合适，这个问题应该如何思考和分析呢？

你对家乡的热爱再强烈，你也不能鲁莽行事。公司倒闭的风险自不必说，如果今年一下子赞助很多，明年又很少的话，对于足球队 Y 队来说，还不如细水长流来得更稳定。

1 万元的价值总是一样的吗？

"相同金额的钱，价值总是相同的吗？"答案是不一定，这是我们需要注意的一点。可能很多人会说："1 万元的价值不就是 1 万元吗？"事实真的如此吗？

先看一个例子，假设个体小商店 A 每天的利润为 1 万元，现在它的利润增加了 1 万元，变成了 2 万元。再看另一个例子，假设小型超市 B 每天的利润为 10 万元，现在它的利润也增加了 1 万元，变成了 11 万元。同样是增加了 1 万元的利润，谁会感到更开心呢？

虽然金额相同，但个体小商店 A 的利润相当于变成了原来的 2 倍，而小型超市 B 的利润只增加了 10%。因此我们可以预测，从"开心"这一点来看，显然是个体小商店 A 要更开心一些。这个例子意味着，同样是增加了 1 万元的利润，在对现状有多大改善这一点上，1 万元对于两者的价值是不同的。

如果把钱换成食物，可能更容易理解一些。假设现在面前有一盘食物，对于肚子已经饿得咕咕叫的小 A 来说，面对丰盛的食物，他一定会感到很有胃口，假设此时小 A 的开心值为 100 分。相反，当小 A 已经酒足饭饱时，即使有人又端上来一盘食物，他也只好婉拒。他此时的开心值恐怕只有 5 分。

也就是说，同一个物品的价值，对于几乎不拥有该物品的人来说就显得很大，而对于已经拥有很多该物品的人来说就显得没有那么大。

用图表来表示拥有资金的"满足感"

我们可以用图 2-11 这样的图来表示这一性质。横轴表示拥有的金额，纵轴表示这些资金所带来的满足感程度。显然，拥有的钱越多，满足感就越大，因此这张图中的曲线是向右逐渐上升的。

但是，满足感并不是直线上升的。如图 2-11 所示，一开始满足感会快速上升（说明非常开心），而后曲线的倾斜程度会逐渐降低（说明开心程度减小）。可以看出，越往右走，钱的增加所带来的满足感的增加幅度就越小。

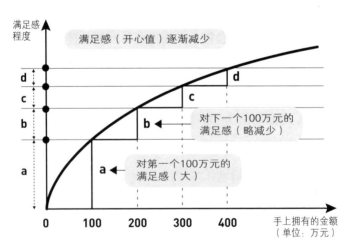

图 2-11　满足感并不是直线上升的

也就是说，同样是 100 万元的收入，第一个 100 万元可以带来 a 这么多的满足感，但下一个 100 万元所带来的满足感就会减少，只有 b 那么多，再下一个 100 万元所带来的满足感又减少到 c，再下一个 100 万元所带来的满足感就只有 d 那么少了。

在赞助金额相同的情况下……

下面我们按照图 2-11 来分析一下赞助情况。进行赞助必然会减少手头所拥有的资金，此时所带来的痛感也可以通过这张图来判断，也就是说，将"满足感"当作"痛感"来理解就可以了。比如说，拥有 400 万元的人赞助 100 万元所带来的痛感是 d，拥有 300 万元的人赞助 100 万元所带来的痛感就是 c。

下面我们关注一下 X 公司的情况。假设 X 公司每月的利润为 400 万元，X 公司决定从中拿出 200 万元作为赞助资金，也就是说，X 公司要拿出一半的利润来做赞助。如果赞助 100 万元所带来的满足感减少为 d，那么再赞助 100 万元（总共 200 万元）所带来的满足感就减少为 c，因此总体上满足感减少 d+c。从赞助的角度来看，出手如此大方还是非常值得称赞的，但也确实有些不自量力。

我们再看一下图 2-11。同样是赞助 200 万元，如果将一次性赞助 200 万元分两次，每次赞助 100 万元的话，满足感的减少就会变成 d+d，也就是说，相比一次性赞助 200 万元，分两次每次赞助 100 万元会让 X 公司的满足感减少程度（对公司业务的冲击）降低。

边际效用递减原则

当所持物品增加一单位时，带来的满足感增加的数值称为**边际效用**。在图 2-11 中，曲线的倾斜程度就对应着边际效用。一般来说，正如图 2-11 所示，拥有的数量与满足感之间的关系是一条向上凸起的曲线，也就是说，随着拥有数量的增加，曲线的增长就会逐渐放缓。这意味着随着拥有数量的增加，边际效用会逐渐减少，这一性质称为**边际效用递减**。

在本节中，我们没有为满足感程度给出具体的数值。可能很多人会认为数学总是以数字为对象来进行计算的，但其实并非总是如此。

正如图 2-11 的曲线所示，即使只有"增长逐渐放缓"这一定性的结论，我们也可以用它来思考和分析很多问题。每个人对金钱的价值观不同，因此图 2-11 中横轴和纵轴所代表的数值也不同，所以我们在思考问题时可以不去管那些具体的数值。这就是"没有数字的数学"的力量，大家有没有感受到呢?

第3章

能够充实兴趣的数学妙招

银幕和液晶电视的视觉冲击力是如何产生的
——如何测量"冲击力"

【关键词】双眼立体视觉

我特别喜欢去电影院看电影。我觉得用电影院的大银幕看电影的感觉是不可替代的，但也有人会说："在家用液晶电视看 DVD 不是也一样吗？电视的屏幕也很大，离近些看冲击力也不错呢！"

不管怎么想，我都觉得电影院的大银幕和电视的冲击力不一样。如果能把"冲击力"这种抽象的概念用数的差异来表示，DVD 派的人是不是就会回心转意呢？怎样解释这件事才能"有理有据"呢？

用数表示"冲击力"

"冲击力"到底指的是什么呢？我认为它指的并不仅仅是屏幕大小，而是"与双眼看物体有关系"。

如图 3-1 中的实线所示，假设电影院的银幕宽度为 10 米，观众坐在距离银幕 20 米的位置观看。此时，银幕宽度与观看距离之比为 10÷20=0.5。这个比值越大，就意味着眼睛看到的画面越宽阔。无论是广袤的草原还是无垠的宇宙，观众都可以从画面中得到真切的感受，从而沉浸在画面所塑造的世界之中。这一点，我相信DVD派的人也是没有异议的。

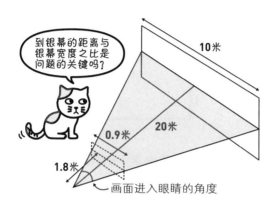

到银幕的距离与银幕宽度之比是问题的关键吗？

10米

20米

0.9米

1.8米

画面进入眼睛的角度

图 3-1　银幕宽度与到银幕的距离

相对而言，家用 40 英寸宽屏电视的宽度是多少厘米呢？1 英寸约等于 2.5 厘米，大家是不是会认为屏幕宽度应该是 100 厘米（40×2.5＝100）呢？其实它的宽度只有大约 90 厘米。为什么不是 100 厘米而是 90 厘米呢？我们有必要解释一下这个问题。

电视屏幕的 40 英寸，指的并不是屏幕的宽度，而是其对角线的长度。现在的液晶电视大多采用 16∶9 的比例。如图 3-2 所示，若屏幕宽度为 16 英寸，其对角

线长度应为 $\sqrt{16^2+9^2}\times 2.5 \approx 46$（厘米）。

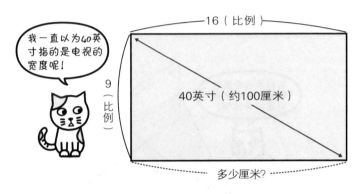

图 3-2　计算 40 英寸电视机的宽度

设对角线长度为 40 英寸（1 英寸约等于 2.5 厘米）的

屏幕宽度为 y 厘米，则可列出式子 $y^2+\left(\dfrac{9}{16}y\right)^2=10\ 000$。

通过这个式子可以求出，宽度大约为 87 厘米，也就是大约 90 厘米。

"双眼立体视觉"能感受到距离

如果从 3 米的距离观看宽度 90 厘米的屏幕，那么屏幕宽度与观看距离之比为 $0.9 \div 3 = 0.3$。与电影院银幕的 0.5 相比，这个数值只有电影院银幕的 60%，因此我们看到的画面视角就会更小。从视角的差异来理解"冲击力的差异"是一种可行的思路。

不过，即便是看电视，只要缩短观看距离（虽然对眼睛不好），也可以将这个视角放大到和在电影院相同的程度。实际上，如图 3-1 中的虚线所示，如果将观看距离从 3 米缩短到 1.8 米，对于 40 英寸的电视机，其比例会变为 $0.9 \div 1.8 = 0.5$，也就和电影院的一样了。但是，即便距离这么近，似乎也"没办法感受到和在电影院一样的冲击力"。

这个结论非常意外吧？为什么比例相同，却无法感受到相同的冲击力呢？这与人眼所具有的双眼立体视觉功能有关。

我们同时用双眼来看物体，并可以通过右眼和左眼所看到的图像的差异来判断与物体之间的距离。这一功能称为**双眼立体视觉**。

通过双眼立体视觉，我们就会下意识地知道与电视屏幕之间的距离，但这与"电视画面中所表现的纵深感"是不符的。因此，正是因为有了双眼立体视觉，我们反而无法正确感知画面的纵深，从而难以沉浸在画面中。

"7米差异"就是电影院银幕和电视屏幕的差异

说到这里，你可能会说："那电影院不也是一样的吗?"其实，只要距离超过7米，双眼立体视觉功能就会失效。这是因为在这个距离上，左右眼所看到的图像几乎没有差别。因此，我们在看电影时，就不会注意到与银幕之间的实际距离，从而沉浸在画面中。这就是电影院能够让观众感受到冲击力和获得沉浸感的原因。

其实，在看电视时也有两种方法能够消除双眼立体视觉的影响。第一种方法当然就是把距离拉到7米以上，不过一般家里的空间没有那么大，离那么远看一台40英寸的电视也太小了，根本就没有什么冲击力。

第二种方法就是不要用双眼看电视。实际上，用一只眼睛看电视的话，就会感觉立体感增强了。不需要使用3D电视和专用眼镜，只要用一只眼睛看就可以体验到真实的立体感。不过，在0.9米以内的距离用一只眼睛连续两三小时体验液晶电视的"冲击力"，无论如何都会让眼睛疲劳，还是建议大家不要这样做。

果然还是去电影院看比较好。

如何通过照片判断摄影位置
——通过作图求出答案

【关键词】作图计算

> **问题**
>
> 　　我的儿子特别喜欢火车，他成功地为行驶中的列车拍了一张很有冲击力的照片。当他把这张照片作为暑假自由研究课题的成果交到学校时，却被怀疑是不是在禁止进入的危险区域内拍摄的。儿子说他是在禁止进入的区域外用长焦镜头拍摄的。我相信儿子的解释，但怎样才能从客观的角度帮他澄清事实呢？

　　一张照片是在禁止进入的区域内拍摄的，还是用长焦镜头从远处拍摄的（只是看上去离得很近），我们可以通过被摄物体的信息在一定程度上进行区分。

　　使用照相机的变焦（远摄）功能，即便在很远的地方拍摄，也可以让照片看起来很像是在被摄物体附近拍摄的。因此，人们很容易认为通过变焦功能进行拍摄"和接近被摄物体拍摄效果是一样的"，但其实这是一个很大的误解。

通过变焦进行放大和真的接近被摄物体是完全不同的。因此，专业摄影师在有必要时都会努力靠近目标进行拍摄。我们先来把这个问题弄清楚吧。

如图 3-3 的①所示，假设站在某个地方，用照相机拍摄面前的景物，自行车会被前面的墙壁遮挡住一部分。在这个位置，即便用照相机的变焦功能来拍摄物体，结果也只是把画面放大了而已。

相反，如果靠近一点儿拍摄，如图 3-3 的②所示，就可以完整拍摄到之前被部分遮挡的自行车。

由此可见，用变焦进行放大拍摄和实际靠近拍摄，两者的视角本身就是不同的。因此，从照片中一定能够找到证明照相机所处位置的"证据"。

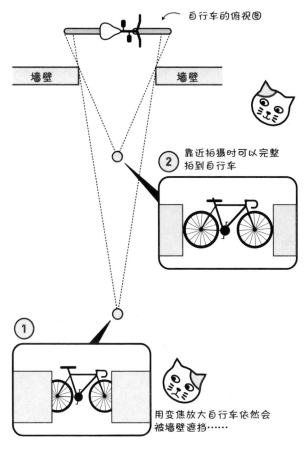

图 3-3 "变焦拍摄"与"靠近拍摄"的区别

找出标志物

如何才能根据照片确定摄影位置呢? 接下来我们讨

论一下这个问题。

假设最终拍摄的照片是图 3-4 所示的样子。从图中可以看出，1 号车厢的左端与远处的大树 A 的位置在竖直方向正好重合。此外，3 号车厢的右端与远处的另一棵大树 B 的位置在竖直方向也正好重合。假设树 A、树 B 在地图上的位置是已知的。（可能有人会质疑：怎么可能在地图上确定每棵树的位置呢？我们也可以使用地图上比较常见的山顶、大楼等位置来代替。）

图 3-4　如何根据这张照片确定摄影位置呢？

通过查询列车的尺寸，如图 3-5 所示，我们可以在地图上分别画出列车、树 A、树 B 的位置。光是沿直线传播的，因此摄影位置应该如图 3-5 中的虚线所示，位于连接点 A 与 1 号车厢左端顶点的直线上。同理，摄影位置也应该位于连接点 B 与 3 号车厢右端顶点的直线上。根据上述结论，我们就可以确定，这两条直线的交点 P 就是摄影位置。

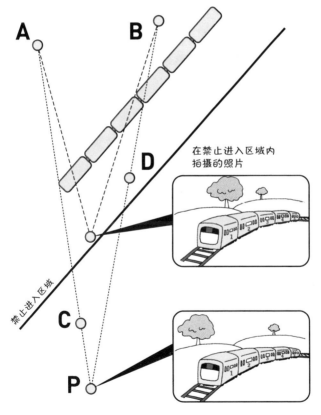

图 3-5　根据 A ~ D 的位置推测摄影位置

可能有人会想，实际上我们拍摄的是正在行驶中的列车，因此没办法"事后在地图上标注拍摄瞬间列车所处的位置"。这个例子只是为了方便讲解，假设"列车位置已知"这一前提条件，实际上我们只要找到列车之外的其他标志物就可以了。

如图 3-4 中的 C、D 所示，枕木、岩石等都可以作为标志物，与树 A、树 B 纵向排列。此时，列车左端和右端的位置就不是必需的了，而是可以根据 AC、BD 这两条直线的交点 P 来找出摄影位置。

由此可见，即便不知道列车的位置也没关系，只要从背景的静止世界中找出两组纵向排列的物体，并将它们的位置标注在地图上，就可以找出摄影位置。

在这个过程中，我们并没有进行任何计算，但通过作图的方式求出答案的过程其实也是一种计算，这被称为**作图计算**。

滑雪时如何巧妙滑过凹凸不平的地方
——"前进 + 上下"两种动作

【关键词】向量思想

前几天，朋友和公司同事去滑雪了，回来之后他问我："那种凹凸不平的雪道我总是滑不好，有没有什么好办法呢？"

虽说像滑雪这种体育运动，一般的原则是"身教大于言传"，但并不是说一点儿办法也没有。接下来我们就思考一下这个问题。

为什么凹凸不平的地方不好滑

滑雪时，那种比较平缓的雪道适合初学者，而面向中高级滑雪者的雪道就会有很多凹凸不平的地方。一旦滑到凸起的小坡上，就很容易失去平衡，所以这样的雪道是很难滑的。

在凹凸不平的雪道上，要想不摔跤的话，有两种方法。第一种方法就是不要滑到凸起的地方，也就是"选择一条没有凹凸的路线"。只要选择凸起和凸起之间的平地路线，哪怕是初学者也可以滑好。

要想做到这一点，就需要有能够任意转换方向的高级滑雪技巧，这对初学者来说还是很难的。哪怕一开始还可以从凸起之间滑过去，面对后面接连出现的凸起，若非高级滑雪者是很难全部避开的。

接下来，我们来看第二种方法。即便滑到凸起的地方，只要能"保持平衡"通过即可。乍看起来这种方法好像更难，但既然初学者很难避开所有的凸起，那还是探索一种能在凸起的地方保持平衡的方法更可行。

在凸起的地方之所以会失去平衡，是因为如图 3-6 所示，身体向上跃起。虽然滑雪是一种"身体向前移动的运动"，但在凸起的地方会在原有运动的基础上附加"垂直的运动"。

图 3-6　如果不屈伸膝盖的话……

通过屈伸膝盖应对"上下"移动

当行驶中的电车遇到切换轨道而左右摇晃时,乘客会在"前进+左右"两个方向摇晃,因此更容易失去平衡。这种现象和滑雪的情况是相同的。

要避免这种现象从而保持平衡,可以在凸起的坡上尽量"让身体的高度保持不变"。要让高度完全不变是很困难的,但我们可以通过努力尽量做到,也就是说,我们要尽量避免身体的重心上下移动,尽量保持直线运动。为此,我们需要调整膝盖的弯曲角度,如图 3-7 所示。

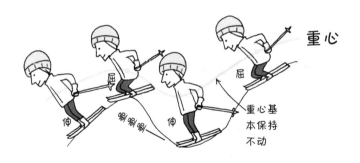

图 3-7　通过调整膝盖弯曲角度避免"上下运动"

在滑雪时大家一定学习过"弯曲膝盖滑行"的基本要领。在这个基础上,我们需要根据雪道上出现的凸起,调整膝盖弯曲的角度,从而尽量避免重心上下移动。

如图 3-7 所示，在滑上凸起的坡面时，要深屈膝盖，在凸起和凸起之间的凹陷处则要稍微伸直膝盖，这样就可以让身体重心的上下移动比坡面本身更平缓。

综上所述，凸起部分容易摔倒或者不容易滑好的首要原因，是身体不只有水平方向上的运动，还有"身体重心在垂直方向上的运动"。因此，调整膝盖的弯曲角度，就可以减少重心的上下移动，从而更顺利地滑过凹凸不平的地方。理解了这一要领，就不会厌恶凹凸不平的雪道了。相反，你会感到这种雪道非常刺激，乐趣倍增。

向量意识可以帮你滑得更好

运动具有"快慢"和"方向"两个性质。当运动的方向一定时，即便快速运动也比较容易保持平衡，但此时如果加上"另一个方向"上的运动，身体就很容易突然失去平衡。

在滑雪中遇到凹凸不平的地方时，就相当于增加了"另一个方向"的上下运动，而为了降低这种运动的影响，就需要调整膝盖的弯曲角度。

像"运动"这样同时具有"大小（快慢）"和"方向"的量称为**向量**。我们一般只会关注大小（也就是这里的快慢），但其实方向也很重要。

如何教会孩子荡秋千的技巧
——将"技艺"分解，并努力用"数理的语言"教给孩子

【关键词】摆的运动

无论是在凹凸不平的雪道上滑雪的技巧，还是在游泳时能游得更快的技巧，都是自己需要学习并掌握的。当有了孩子后，就需要掌握"传授的技巧"。假设你家孩子荡秋千荡得不好，要怎样教他才好呢？如果只是说"像这样嗖地一下，然后脚再啪地一下"，对于已经掌握了技巧的人应该能听明白你在说什么，但关键是孩子可能听不懂，如果动作总是不得要领也会感到非常烦躁和沮丧。下面我们思考一下怎样才能更好地向孩子传授技巧。

以荡秋千为例，要想教会孩子，关键是要理解"站起和蹲下的时机"。

如图 3-8 所示，秋千和摆非常类似。摆就是一根绳子下端吊着重物，上端固定，重物以绳子的固定位置为中心做圆弧运动，来回摆动。这样的运动称为**振动**。我

们可以将秋千看成摆的绳子，将荡秋千的人看成重物。

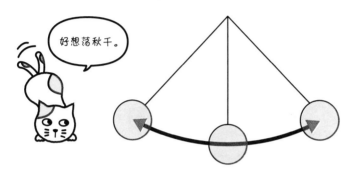

图 3-8　对秋千进行简化的样子

孩子坐在秋千上，家长在后面推一下，秋千就会如图 3-8 所示进行和摆相同的运动。但是，如果人在秋千上不做任何动作，秋千的摆动幅度就会慢慢变小，最终停下来。这是因为空气阻力和绳子上端的摩擦力逐渐减小了秋千的动能。

因此，为了不让秋千停下来，人的身体就必须做出特定的动作。

注意秋千绳子的长度

为了探讨身体应该做出怎样的动作，我们先来思考一下改变绳子的长度会发生什么。如图 3-9 所示，我们让绳子下端吊着的重物做水平旋转运动。此时，如果将从旋转的中心到重物之间的绳子的长度从图中 ⓐ 所示的 l 缩短到 ⓑ 所示的 l'，就会发现重物旋转的速度变快了。这一现象为我们研究荡秋千的技巧给出了提示。

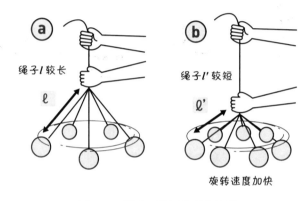

图 3-9　绳子一端吊着重物旋转

回到荡秋千的话题。如图 3-10 所示，在重物从左侧最高点 A 向右侧摆动的过程中，如果绳子的长度不变，则会通过最低的 B 点后向右摆动，到达比左侧开始位置稍低一点儿的位置 C，然后开始向左摆动。如果看绳子摆动的角度，假设一开始从左向右摆动了 x 度，则之后从右向左摆动的角度就是比 x 度稍小的 y 度。

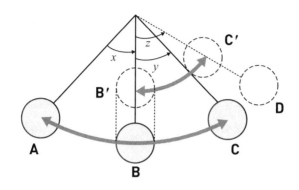

图 3-10　当通过最低点 B 时缩短绳子的长度

当重物通过最低点时，我们把绳子的长度变短。于是，重物的位置变为 B′，运动速度加快。因此，如图 3-10 中的虚线所示，其向右摆动的角度会增大为 z 度，并到达 C′ 点。

重物的位置可以看作秋千上人的重心的位置。如果人在秋千上站起来，则人的重心位置会上移，蹲下去重心的位置会下移。

站起来 → 摆的绳子变短

蹲下去 → 摆的绳子变长

如图 3-10 所示，如果一开始蹲在秋千上的人，在通过最低点时站起来，那么可以让向右摆动的角度更大。

然后，当到达最右端的 C′ 点时，如果再次蹲下，相当于绳子变长，重心位置移到 D 点。

综上所述，如果全程都蹲着，秋千原本只能摆动到 C 点，但如果做"中途站起来，然后再蹲下"的动作，就可以摆动到 D 点。

如果要让 D 的位置尽可能高，应该怎样做才对呢？

重物从高到低运动时 → 让绳子尽量变长

重物从低到高运动时 → 让绳子尽量变短

这就是我们总结出的规律，也就是说，"当重物通过最低点时"站起来是最有效的方法。

就现在，站起来！

将技艺转换成"语言"

总结一下，在秋千下降过程中蹲下，当秋千通过最靠近地面的位置时站起来——这是一个好方法。

根据生活经验，我们知道要想让秋千荡得高，需要交替站起和蹲下。另外，我们也会在不经意间做出在最靠近地面的位置站起来的动作，这是最合适的时机。请大家一定要把其中的道理教给孩子。

不是靠理论而是靠经验学会的技巧，或是通过身体形成肌肉记忆而掌握的技巧，往往是很难传授给别人的。很多被称为"技艺"的技巧就属于这种，在日本有很多从古代流传下来的传统技艺，大多数也属于这种。这种技巧很难仅通过"言传"来传授，而是必须通过"身教"，在实践中积累一定经验后才能掌握。也正因如此，要培养这些技艺的接班人非常困难。

要让传统技艺不断传承下去，我认为努力将这些"技艺"中的技巧转换成"数理的语言"是非常重要的。

棒球比赛中快速跑垒的力学
——"跑直线最快"并不是万金油

【关键词】速度与离心力

一个人再有能力，如果不能为特定的目的发挥该有的能力，就一定会事倍功半。棒球中的跑垒就是一个非常典型的例子。有些人直线 50 米跑得很快，但棒球比赛中跑垒是很特殊的，仅跑直线是无法完全发挥脚力的。下面我们就来探讨一下跑垒的技巧吧。

如何一边变向一边快跑

在棒球比赛中，从本垒跑到一垒的跑法和 50 米跑是相同的。在打出内场地滚球时，只要直接跑到一垒就可以了，这是一种单纯靠速度的跑法。

不过，当打出二垒打时，跑垒的情况就会变得不同。主要区别在于以下两点。

① 当进行盗垒跑向下一个垒时，必须在下一个垒处停下，如果跑过头超出垒包的话就会被触杀。

② 当打出二垒打以上的球时，在踏上一垒和二垒垒

包之后，必须改变奔跑方向。因此，必须采取和直线跑不同的跑法（以大弧线过垒）。

在①的情况中，如果要盗二垒，则必须准确地停在垒上。即便在途中全速奔跑，在最后也必须用滑垒的方式制动，因此不但需要跑得快，还需要具备优秀的滑垒技术。

②的情况是棒球跑垒中最重要的一点。当过垒后打算冲下一垒时，必须改变奔跑的方向，此时就要承受额外的力。例如，当公交车或电车转弯时，车上的乘客就会感到将自己推向外侧的力，跑垒时所承受的也是这个力。

奔跑速度与离心力之间有怎样的关系

一般来说，物体做圆周运动时，会受到一个向外离开圆周的力，这个力称为**离心力**。

棒球运动员在踏一垒后冲二垒、踏二垒后冲三垒时，需要改变奔跑的方向，此时需要克服离心力，避免身体失去平衡。如果要急转弯，就必须降低速度，而要维持奔跑速度，就必须在转弯时增大转弯半径。

下面我们来探讨一下奔跑速度与离心力之间到底有怎样的关系。

如图 3-11 中的实线所示，假设半径为 r，圆心角 a 所对的弧长为 b。此时，如果有人在短时间内沿着这条弧跑了 b 这么长的距离，则他的方向变化角度为 a。

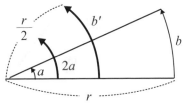

即便跑了同样的距离，但 b' 对应的角度为原来的 2 倍，因此离心力也是原来的 2 倍

图 3-11 当跑的距离相同时，
"半径"减半则离心力会变为原来的 2 倍

接下来，如图 3-11 中的黄线所示，若圆心角不变，当半径变为原来的一半时，弧长也会变为原来的一半。如果按同样的速度跑同样的时间，则跑过的距离还是 b，也就相当于跑过了一个圆心角为原来 2 倍的小弧。尽管跑过的距离还是 b，但方向改变了 $2a$，也就是说，在半径为原来一半的弧上以同样的速度跑，单位时间内方向的变化是原来的 2 倍，此时所受的离心力也变为原来的 2 倍。

如果在不降低奔跑速度的情况下急剧改变角度，运动员就会被离心力向外甩。要解决这个问题，要么降低速度，要么扩大弧的半径。

实际上，优秀的运动员会巧妙地结合这两种方法，在上垒前一边稍微向外绕一点一边减速，然后一边增大转弯半径一边过垒，当转到下一个垒的方向时，立即切换到全速奔跑。

由此可见，当原本跑步速度很快的人打棒球时，如果要发挥他的脚力，就不能光一个劲儿地往前冲，而是要学习减速和转弯的技巧，否则无法成为一名能够快速跑垒的运动员。

正如物体运动的速度一样，速度不仅有大小，还有方向，这样的量称为**向量**，我们之前已经介绍过了。要理解由向量所代表的现象，就不能只关注其数值大小，还必须考虑其方向的变化。

第 **4** 章

力量来解决

这种问题怎样用数学的

3个箱子中哪个装着大奖
——概率会随状况发生变化吗？

【关键词】蒙提·霍尔问题

问题

有3个箱子，一个箱子装着中奖的奖券，另外两个箱子装着没中奖的奖券。当我选择其中一个箱子时，店员打开剩余两个箱子中的一个，并给我看里面的奖券是没中奖的。然后店员说："现在你有一次机会可以改变你的选择。"参加过这个抽奖游戏的人说："好像改变选择后会更容易中奖。"请你思考一下，这时改变选择真的会更容易中奖吗？

一开始摆出3个箱子，我们没有任何信息可以判断选择哪一个会中奖，因此选择任意一个箱子中奖的概率都是相同的，即都是1/3，如图4-1所示。

假设你选了最左边的箱子，如图 4-2 所示，这个箱子中奖的概率是 1/3，不中奖的概率是 2/3。也就是说，中奖的奖券位于剩余两个箱子中的概率是 2/3。

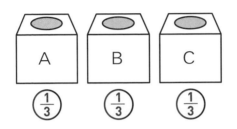

图 4-1 没有任何信息时每个箱子的中奖概率都是 1/3

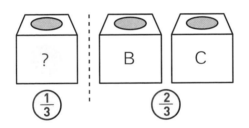

图 4-2 选择最左边的箱子，
中奖的概率为 1/3，不中奖的概率为 2/3

接着，假设店员打开了最右边的箱子，显示这个箱子里的奖券是没中奖的。

此时，中奖的奖券位于虚线右边箱子中的概率为 2/3，没有发生变化，这就意味着中奖的奖券位于中间那个没打开的箱子中的概率为 2/3（见图 4-3）。

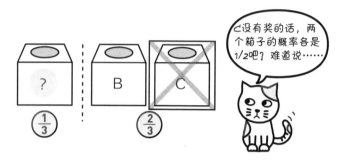

图 4-3　当知道"箱子 C 没中奖"时，是否应该改变选择

选择最左边的箱子中奖的概率为 1/3，选择中间箱子中奖的概率为 2/3。改变选择，中奖概率会变为原来的两倍，因此结论就是应该改变选择。

引发辩论的蒙提·霍尔问题

概率表示未知事情发生的可能性。当信息增加时，未知事情发生的可能性会随之变化。能够冷静计算这种变化的人，在生存中会占据有利地位。大家能否从这个问题中体会到这一点呢？

这个问题是根据**蒙提·霍尔问题**改编的。蒙提·霍尔是美国一档竞猜节目的主持人，原本这档节目设定有三扇门，其中一扇门背后藏有奖品[1]。

　　当时很多人认为"改不改变选择都是一样的"，但一位叫玛丽莲·沃斯·莎凡特的女性在她的专栏"向玛丽莲提问"中写道："改变选择会让中奖概率变为原来的两倍。"对于这种观点，很多数学家提出异议，他们认为"无论是否改变选择，中奖概率都是不变的（1/2）"。后来这一异议演变为一场著名的辩论。

---

[1]　这个问题通常称为"三门问题"。——译者注

海岸线的长度是测不出来的吗

——测量得越精确结果就越长，真奇妙

【关键词】分形几何

假设问"日本的国土面积是多少"，一个喜欢竞答游戏的人会马上回答："37.8 万平方千米。"但假设问"日本的海岸线长度是多少"，他可能会说："没见过海岸线长度这一数据啊！"其实，答不上来这个问题不代表他的知识储备不够。

此时，另一个人可能会说："我好像看过有数据说日本的海岸线长度为 29 751 千米，但同时还写着'测量方式不同会产生差异'。这是测量技术的问题吗？"其实这并不是测量技术不够先进所导致的，当然更不是小岛太多测量不过来所导致的。

长度无法测量
分形……

海岸线是分形图形

也许你不相信，国土的周长（尤其是海岸线长度）原本就是无法确定的。这到底是怎么回事呢？

假设上图是日本海岸线的一部分。从这张图中我们可以大致推算出地图的比例尺吗？恐怕是不能的。这可能是常见的 1∶5000 的地图，也可能是 1∶250 000 的地图，还可能是 1∶500 的地图。海岸线的形状无论如何放大，都能匹配到地图上的某一部分，拥有这种性质的图形称为**分形图形**。海岸线是一种典型的分形图形。

假设我们以 1∶250 000 的比例尺来绘制海岸线，那么就可以测量其长度。但是，这并不是准确的海岸线长度。如果将比例尺放大到 1∶50 000，可以绘制出海岸线更复杂的凹凸形状。如果将这些凹凸部分测量进去，结果会变得更长。

也就是说，海岸线长度并不是通过放大就可以得出准确的结果，而是越放大越长，永远无法测量出一个准确的值。

从简单图形开始生成分形图形

众所周知，边长为 a 米的正方形，其周长为 4a 米。

像这样能够确定其长度的，仅限于人类所创造的简单图形。像海岸线这样的图形是非常复杂的，其周长测量得越精确，结果就会变得越长。

图 4-4 是一种称为**科赫曲线**的分形图形。从①所示的一根线段开始，先将①的线段 3 等分，然后将中间一段替换为以该线段长度为边长的正三角形的两条边，就得到②所示的图形。

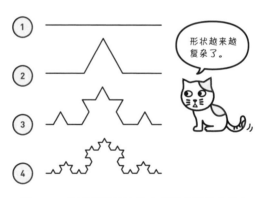

图 4-4 分形图形是这样生成的（科赫曲线）

同样，将②中出现的所有线段 3 等分，并将中间一段替换成以该线段长度为边长的正三角形的两条边，然后就得到③所示的图形，以此类推。

假设图 4-4 中①的线段长度为 a 米，将其 3 等分后取 4 段构成图形②，因此②的线段总长度为 $a×4/3$ 米。③通过重复同样的操作得到，因此其线段总长度为 $a×4/3×4/3$ 米。同样，④的线段总长度为 $a×4/3×4/3×4/3$ 米。随着不断生成更高阶的科赫曲线，其线段总长度会越来越长。

将海岸线的比例尺放大，相当于不断生成更高阶的科赫曲线。结果就是其长度越来越长，永远无法得到一个准确的长度值。因此，日本海岸线长度的准确值是从哪里都找不到的。

人造图形和自然界中的图形是完全不同的

人类所创造的正方形、圆形等图形，和自然界中的国土等图形相比，其复杂程度是完全不同的。我们可以轻松地确定正方形、圆形等简单图形的周长，但无法确定大多数自然界中的图形的周长。

当我们试图理解身边的现象时，必须面对这种复杂的情况，因此**分形理论**、**混沌理论**等新的数学分支应运而生。科赫曲线是具备分形图形复杂性质的图形中最有名的一种。

如何用骰子实现八选一
——分两次解决问题

【关键词】非六面骰子

> **问题**
>
> 假设要从 6 个选项中按均等概率选出 1 个，用骰子是非常方便的。当选项不是 6 个时，该怎么处理呢？我前几天遇到要从 8 个选项中选出 1 个的情况，不知道该怎么用骰子来解决，只好做了 8 张卡片并通过抽卡解决，很麻烦。
>
> 不是吧~

掷两次骰子是解决问题的关键

先说结论，要从 8 个选项中选出 1 个，只要按照图 4-5 所示的方法"掷两次骰子"就可以了。

对 8 个选项分别按①～⑧编号，并将它们分成两组，假设将①～④分为Ⓐ组，将⑤～⑧分为Ⓑ组。重点是Ⓐ组和Ⓑ组所包含的选项数量必须相等。

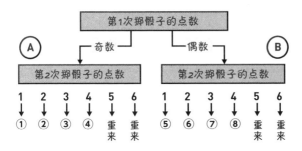

图 4-5　当有 8 个选项时，如何通过掷骰子来选择

　　第 1 次掷骰子时，先按均等概率确定分组。例如，规定奇数表示Ⓐ组，偶数表示Ⓑ组。假设第 1 次掷出奇数，则选择Ⓐ组。接下来第 2 次掷骰子，如果点数为 1～4，则分别对应选项①～④。如果点数为 5 或 6，则忽略这次结果，重新掷一次（直到掷出的点数是 1～4 为止）。

　　假设第 1 次掷出偶数，则选择Ⓑ组。此时，第 2 次掷骰子的点数 1～4 分别对应选项⑤～⑧。如果点数为 5 或 6，则忽略这次结果，重新掷一次（直到掷出的点数是 1～4 为止）。

　　通过这种方法，可以在选项①～⑧中以均等概率选出其中一个。

假设有 9 个或者 7 个选项该怎么办

假设有 9 个选项该怎么办呢？这种情况，可以按照图 4-6 所示的方法，通过掷两次骰子来解决。将选项①、②、③分为Ⓐ组，选项④、⑤、⑥分为Ⓑ组，选项⑦、⑧、⑨分为Ⓒ组。重点是每组所包含的选项数量必须相等。第 1 次掷骰子的点数为 1、2 时选择Ⓐ组，3、4 时选择Ⓑ组，5、6 时选择Ⓒ组。

第 2 次掷骰子，按照图 4-6 所示的方法，将 6 个点数分别对应到 3 个选项。在这种情况下，因为每组的选项数量 3 是 6 的因数，所以每个点数对应一个选项编号，这意味着掷出任何点数都可以产生有效的结果，不需要像 8 选 1 那样可能需要重新掷一次。

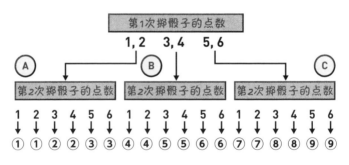

图 4-6 当有 9 个选项时，怎么办

假设第 1 次掷出点数 4，则选择 Ⓑ 组；第 2 次掷出点数 3，则选择选项⑤。

假设有 7 个选项又该怎么办呢？作为铺垫，我们先确认选项数量小于或等于 5 的情况。假设选项数量为 n，且 n 大于或等于 2，小于或等于 5。此时，只需要掷一次骰子。当掷出的点数小于或等于 n 时，直接选择对应编号的选项；当点数大于 n 时，忽略本次结果，重新掷一次骰子即可。

但是，当 n 是 6 的因数时，可以将每个点数按均等概率对应某个选项。例如，当 $n=2$ 时，可以规定奇数对应选项①，偶数对应选项②。当 $n=3$ 时，可以规定点数 1、2 对应选项①，点数 3、4 对应选项②，点数 5、6 对应选项③。这样一来，就不会出现需要重掷的情况。

由此可见，当选项数量小于或等于骰子的点数时，总是可以以均等概率选出其中一个。

无论有几个选项都没关系

请回忆一下图 4-5 所示的有 8 个选项的情况。按照图 4-5 所示的方法，我们可以以均等概率从 8 个选项中选出其中一个，也就是说，我们可以将其看作一枚有 8

种点数的骰子。由于选项数量 7 是小于 8 的，因此只要使用这个骰子，一定可以以均等概率选出其中一个。也就是说，将图 4-5 所示的方法整体看作一枚有 8 种点数的骰子。如果利用这枚骰子掷出点数 1～7，则对应相应编号的选项；如果掷出 8，则将图 4-5 的所有步骤重来一次。

将这个思路扩展一下，就会发现无论有多少个选项，一定可以设计出用 6 个面的普通骰子以均等概率选出其中一个选项的方法，于是就没必要特地用制作卡片的方式来解决。

综上所述，当选项数量大于 6 时，我们也可以使用普通骰子以均等概率选出其中一个选项，重点是对选项进行分组时，每组所包含的选项数量必须相等，只有这样才能以均等概率进行选择。

不规则形状池塘面积测量大挑战
——从大小两侧同时进攻

【关键词】阿基米德逼近法

> ### 问题
>
> 我在 A 市上班，A 市郊外有一个很大的池塘。20 年来，受周边流入大量泥沙的影响，池塘变得越来越小。我想通过比较 20 年前和现在的地图，计算池塘缩小了多少，但池塘的形状太复杂，有没有什么好办法能计算池塘的面积呢？

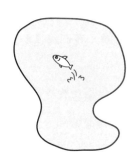

提到面积，我们很容易想到"长 × 宽"这样的方法。在土地整齐划分的地方，我们可以按长方形来计算面积，但对于池塘这种自然地形来说，其形状既不是长方形也不是圆形，面积计算起来并不容易。这个问题该如何思考和分析呢？

考虑"结果位于这个范围内"的方法

要计算复杂图形的面积，我们可以采用从大、小两个方向慢慢逼近的方法。

边长 1 米的正方形的面积为 1 平方米，边长 a 米的正方形的面积为 $a \times a$ 平方米。一般图形的面积可以通过"相当于多少个正方形的面积"的方法来计算。

如图 4-7 中的 Ⓐ 所示，将一张薄方格纸盖在池塘上。假设方格的边长在池塘上相当于 16 米，于是，一个正方形的面积为 16×16=256（平方米）。

此时，我们将这些正方形分为以下 3 种：

① 完全包含在池塘中的正方形（灰色）
② 与池塘部分重合的正方形（黄色）
③ 完全位于池塘外部的正方形（白色）

其中，灰色正方形有 2 个，其面积为 256×2=512（平方米）。由此可知，池塘的面积至少为 512 平方米。

灰色和黄色的正方形共 15 个，其面积为 256×15=3840（平方米），而池塘的面积一定小于或等于这个数值。

因此，我们可以得到：

512 平方米 ≤ 池塘的面积 ≤ 3840 平方米

但是这个范围还是太大了，无法确定具体的数值。

接下来，如图 4-7 中的Ⓑ所示，在每个正方形的中间画一个十字，将其平分为 4 个小正方形。于是，小正方形的边长为 16 米的一半，也就是 8 米。小正方形的面积为 8×8=64（平方米）。

此时，完全包含在池塘中的正方形，也就是图 4-7 的Ⓑ中灰色的正方形，共有 20 个，其面积为 64×20＝1280（平方米）。此外，与池塘部分重合的正方形（图 4-7 的Ⓑ中灰色和黄色的正方形）共有 50 个，其面积为 64×50＝3200（平方米）。

因此，我们可以得到：

1280 平方米 ≤ 池塘的面积 ≤ 3200 平方米

如果将每个正方形再 4 等分，如图 4-7 中的Ⓒ所示，可以根据灰色正方形和黄色正方形的数量，进一步逼近池塘面积的准确值。

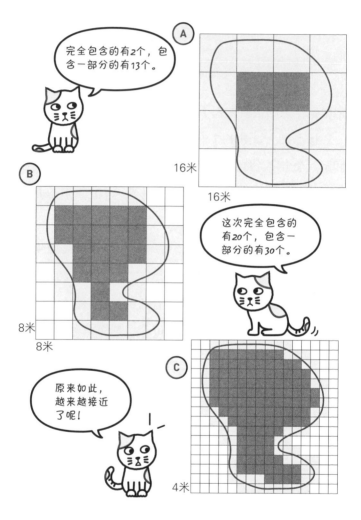

图 4-7 将方格纸盖在池塘上

阿基米德的"两面夹击法"

阿基米德通过这样的方法计算出圆周率约等于 3.14。如图 4-8 所示，阿基米德的方法是，计算直径为 1 的圆的内接正六边形和外接正六边形的周长，得到：

$$3 < 圆周长 < 3.464$$

接下来，从内接正六边形、外接正六边形开始，依次计算正十二边形、正二十四边形、正四十八边形、正九十六边形，终于得到：

$$3.1408 < 圆周长 < 3.1428$$

我们可以看出，"到 3.14 为止得到的都是准确值"。历史上，人们确实是通过与"求池塘面积"相同的思想来求圆周率的。

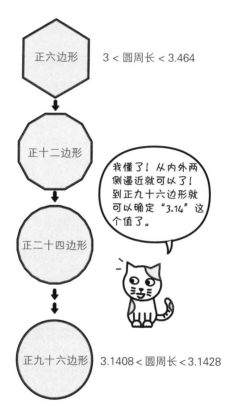

图 4-8 从内接正六边形和外接正六边形开始逼近

证明"不可能"也是数学的威力

——证明不是自己水平不够

【关键词】最大公约数的效果

> ### 问题
>
> 在露营地做饭时，需要味淋①50 毫升、牛奶
> 160 毫升，但发现没有带量杯。正好身边有容量
> 分别为 280 毫升和 500 毫升的两个塑料瓶，用这
> 两个瓶子量出了 160 毫升，但无法量出 50 毫升。
> 有没有办法用这两个瓶子量出 50 毫升呢？

如何量出 160 毫升

容器所能量出的液体，只是通过加法运算和减法运
算得到其体积。

我们来思考一下，用容量分别为 280 毫升和 500 毫
升的容器，能量出多少毫升呢？首先，我们将两个容器

---

① 味淋是日本料理中的调味料，是一种用米发酵制成的带有甜
　味的料理酒。——译者注

都灌满液体并将液体凑到一起，即

$$280+500=780 \text{ 毫升}$$

因此 780 毫升是可以量出的，只要将两个容量相加就可以得到 780 毫升。

接下来，将 500 毫升的容器灌满液体，然后将液体倒入 280 毫升的容器中，则剩下的液体容量为：

$$500-280=220 \text{ 毫升}$$

因此 220 毫升也是可以量出的。

将这 220 毫升的液体倒入 280 毫升的容器中，则会剩余 60 毫升的空间。此时将 500 毫升的容器灌满液体后，向这个剩余的空间转移 60 毫升液体，容器中剩余的液体容量为：

$$500-60=440 \text{ 毫升}$$

再接下来，将 280 毫升的容器倒空，将刚量出的 440 毫升液体倒进去，则可以量出 160 毫升液体，即

$$440-280=160 \text{ 毫升}$$

我们确实量出了一开始想要的 160 毫升液体，如图 4-9 所示。能成功找出如此复杂的一连串步骤，是很厉害的。

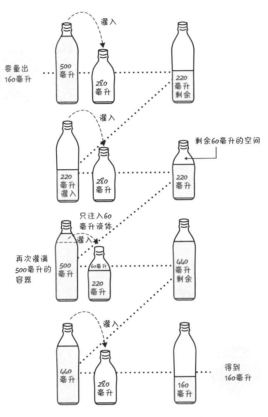

图 4-9　量出 160 毫升液体的步骤

能量出的容量只能是最大公约数的整数倍

通过上面的过程可以看出，使用 280 毫升和 500 毫升的容器所能量出的容量，只能是通过反复进行加法运算和减法运算所能得到的容量。

用 280 毫升和 500 毫升的容器，仅进行加法运算和减法运算，到底能凑出哪些数呢？有人说"试试看"就好了，但如果存在一些绝对无法凑出的数，那反复尝试也只能浪费时间。

哪些容量是能量出的，哪些容量是不能量出的——要求出这个问题的答案，只要求出能同时整除这两个数的最大的数就可以了。这个数是多少呢？答案是 20。也就是说，20 能同时整除 280 和 500，而且不存在比 20 更大的，还能同时整除 280 和 500 的数。

像这样能够同时整除两个数的最大的数，称为这两个数的**最大公约数**。280 和 500 的最大公约数是 20。

两个容器所能量出的容量，仅限于这两个容器容量的"最大公约数（在这里是 20）的整数倍"。因此，用 280 毫升和 500 毫升的容器所能量出的容量，只能是 20 的整数倍，即

20、40、60、80、100、120……

证明"不可能"有什么意义

刚才我们证明了"量不出 50 毫升"。可能有人会认为证明"量不出"没有任何用处，这当然是大错特错的。证明不可能其实是非常有用的。

首先，可能有人会觉得说不定真的能做到，从而反复尝试，浪费了宝贵的时间，证明不可能能够避免这种愚蠢的行为。其次，可能有人会认为做不到是因为自己无能，从而产生自卑心理，证明不可能能够避免这种毫无必要的消极情绪。因此，证明不可能是非常重要的。

由此可见，数学不仅能解题，在某些情况下还具备通过证明"无解"来解决问题的力量。这也是数学有用的一面。

没有目的的问卷调查，能得到什么结果
——探寻两者的行为模式

【关键词】数据挖掘

　　和企业员工聊天时，我发现最困扰他们的一个问题是："我们想就客户喜不喜欢公司的商品进行问卷调查，但结果应该怎样解读呢？"做问卷调查竟然从一开始就没有"到底想问什么"的明确目的，这着实令人感到震惊。这样收集到的回答自然也是漫无目的的。要问"该怎样解读呢"，我也感到无所适从。这时该怎么办呢？

　　假设表4-1是问卷调查的结果，我们来思考一下，从这些数据中能提取出什么有用的信息呢？

表 4-1　商品好恶的调查结果

顾客编号	商品A	商品B
001	○	×
002	×	○
003	○	○
004	○	○
005	○	×
006	×	○
007	○	×
⋮	⋮	⋮

分析只有这么点儿内容的问卷？我可太难了。

（○表示喜欢；×表示不喜欢）

我们可以先对喜欢和不喜欢每种商品的人数进行统计。接下来我们想分析一下两种商品之间的关系。如图 4-10 所示：

喜欢商品 A 的有 a 人；
喜欢商品 B 的有 b 人。

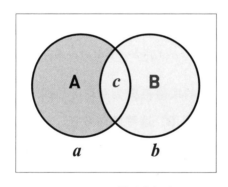

图 4-10　c 是重合部分

假设同时喜欢商品 A 和商品 B 的有 c 人，则 $(a+b-c)$ 就是至少喜欢 A、B 其中一种商品的人数。于是我们考虑下面这个数：

$$P=c\div(a+b-c)$$

其中除数是至少喜欢 A、B 其中一种商品的人数，被除数 c 是同时喜欢 A、B 两种商品的人数。

假设所有人都"同时喜欢两种商品"，那么 $a=b=c$，因此：

$$P=c\div(a+b-c)=c\div c=1$$

假设同时喜欢两种商品的人一个都没有，那么 $c=0$，因此：

$$P=c\div(a+b-c)=0\div(a+b)=0$$

一般来说，P 的取值范围为 0～1，如果"喜欢商品 A 的人也喜欢商品 B"这种倾向较强，则 P 的值接近 1。如果"喜欢商品 A 或商品 B 的人不喜欢另一种商品"这种倾向较强，则 P 的值接近 0。如果商品 A 的好恶与商品 B 的好恶之间没有显著的关联，则 P 的值接近 0.5。于是，只要计算 P 的值就可以看出两种商品之间"存在怎样的关系"。

分析商品之间的关系及顾客之间的行为

上面介绍了分析商品之间的关系的方法，利用同样的思路，还可以分析顾客之间的行为。假设问卷中调查的商品数量为 r，其中顾客 i 和顾客 j "两个人都喜欢"的商品数量为 s，"两个人都不喜欢"的商品数量为 t，则可以计算：

$$Q = (s+t) \div r$$

如果两个人好恶模式完全一致，则 Q 的值为 1，如果完全相反则 Q 的值为 0。一般来说，Q 的取值范围为 0～1，两个人的好恶模式越相似，Q 的值越接近 1。

像这样，我们可以从问卷调查结果中提取出两种商品的好恶倾向及两名顾客的好恶倾向。例如，喜欢商品 A 或商品 B 的人不喜欢另一种商品的倾向很强，那就意味着最好不要同时宣传这两种商品。

突然爆发的大数据

在很多案例中，明明没有做问卷调查，却一下积累了很多数据。例如，在超市收银台，结账的顾客"买了什么东西"这样的数据会被自动收集起来，而且，数据量巨大。

这样的数据称为**大数据**。尝试从中提取有用信息的统计学方法称为**数据挖掘**。挖掘本来的意思是在地面上挖洞以寻找有价值的宝藏。在地面下寻找宝藏，我们需要探测器或挖掘机，而数据挖掘所需要的是数学知识。

第5章

解决问题

发挥几何的力量

为什么人会搞错方位
——无论白天还是夜晚都能找到"南方"的方法

【关键词】大脑的错觉

很多在街上走路的人喜欢边走边观察"地形"。人们尤其喜欢在古城或是城下町 ① 散步游览。

古城可能是修建风格的缘故，而城下町可能是故意不把道路修直的缘故，导致人们一不小心就会搞错自己行走的方向。某些极端情况下，自己以为在往南走，但不知不觉就开始往北走了，真是匪夷所思。如果第一次到访某个城市，有没有什么方法可以避免这样的错误呢？

大脑的两个错觉

其实，"明明以为是在往南走实际却是在往北走"这样的情况，在自认为方向感不错的人身上也会发生。主要原因是我们的大脑有两种思维定式，即"道路＝直线""路口＝直角"。尤其是在陌生的地方，我们的大脑

---

① 日本的城下町是指以领主所居住的城郭为中心建设的城市。——译者注

很容易产生这样的思维定式。

思维定式①：道路是一条笔直延伸的直线。

思维定式②：路口是两条道路以直角相交形成的。

在游览路边的小店或闲庭信步时，我们往往不会注意道路的实际形状。这时，我们会无意识地假设思维定式①和思维定式②成立的情况下在陌生的道路上行走。

如图 5-1 所示，假设从起点开始沿箭头方向前进，也就是说，从起点开始往北走，在第一个路口 A 左转往西走，再下一个路口 B 右转往北走，再下一个路口 C 左转往西走，再下一个路口 D 右转，这时的方向应该又是往北走。

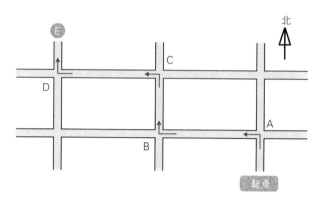

图 5-1 "E 的方向朝北" 的错觉

假设实际的道路是图 5-2 所示的样子。道路并不一定是直线，也可能是弯曲的。路口也不一定是两条道路以直角相交形成的。

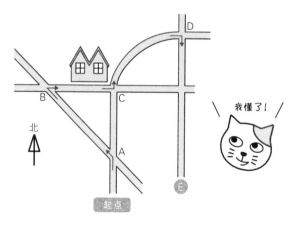

图 5-2 原来 "E 的方向朝南" 啊？！

明明想往南走结果却在往北走

假设我们在图 5-2 中从起点开始，沿着道路往北走，就像在图 5-1 中一样，在路口右转或左转。这一次，在 A 处左转后朝西北方向，由于上面提到的思维定式②的存在，我们会误以为是在"往西走"。

接下来，在 B 处右转后方向朝东，由于思维定式②的存在，我们会误以为是在往北走。然后，在 C 处左转后方向朝北，由于思维定式②的存在，我们会误以为是在往西走，在到达路口 D 时，由于道路是弯曲的，实际方向已经朝东，由于思维定式①的存在，我们误以为是"从西走过来的"。

于是，在 D 处再次右转时，我们以为方向又朝北了。结果，自己以为在往北走，实际上却在往南走，这样的现象确实是有可能发生的。

因此，假如不想迷路的话，我们需要先了解大脑所具有的思维定式①和思维定式②，对自己正在走的道路进行客观的分析。

在夜晚也能分清东南西北的方法

要避免在陌生的地方找不着北，最好是在大脑中事先准备好各种用于辨别方向的线索。当然，根据情况的不同，这些线索有时能用，有时不能用。例如，在晴朗的白天，我们很容易判断出下午4点太阳所在的方向不是"东"而是"西"。然而，在下雨天或夜晚，这条线索就派不上用场了。有没有一种在下雨天和夜晚也能用来辨别方向的方法呢？

当然有。例如，生活在北半球的人可以观察接收卫星电视节目的碟形天线的朝向。卫星电视信号是从位于赤道上空的静止卫星上发送的，因此碟形天线所朝的方向就是"南方"。

从地球上看起来处于静止状态的人造卫星称为**静止卫星**。要想让卫星看上去是静止的，实际需要卫星以与地球自转相同的速度运动才行。要想做到这一点，人造卫星必须在位于赤道上空的地球静止轨道上运动。因此，碟形天线永远朝向赤道的方向，也就是"南方"。

除此之外，朝向南方的还有光伏发电所用的太阳

电池板。受安装位置的限制，不能保证所有的太阳电
池板都是朝向南方的，但多看几个就可以大致判断哪边
是南。

　　像这样，我们可以使用不同的信息对"大脑的错
觉"进行修正。

如何安排循环赛的赛程
——利用"圆"就可以圆滑地解决

【关键词】点和线的连接

在第 1 章中，我们介绍了"网络"和"分配"的思想，也就是用"点和线"连接的方法确定该如何为参加培训的人分配清扫区域（地点）。用试错的方法来解决这个问题会非常烦琐。

还有一种问题用试错法来解决也很烦琐，那就是安排足球、棒球等循环赛的赛程。这样的问题也可以通过"点和线"来解决。

假设你负责管理一个地方的小学足球队，准备组织同一个镇的 6 支队伍进行循环赛。你可能会觉得，只有 6 支队伍，安排赛程应该不难。该如何安排赛程呢？在不断试错的过程中，你会发现这个任务没有那么简单。

只有 6 支队伍，试错的话……

我们先将 6 支队伍分别命名为 A、B、C、D、E、F。如表 5-1 所示，各行对应每支队伍，各列对应第 1 周～第 5 周的编号，然后在每支队伍所对应的格子中填写该周对阵的队伍。到这里准备工作就完成了。

表 5-1 怎样安排赛程

周 队伍	1	2	3	4	5
A	B	C	D	E	F
B	A				
C		A			
D			A		
E				A	
F					A

假设 A 队第 1 周～第 5 周分别按顺序对阵 B、C、D、E、F 队，结果就是表 5-1 所示的样子。在 A 队第 1 周的格子中填上 B，同样，在 B 队第 1 周的格子中填上 A，其他队伍以此类推。

下面请你尝试将这张表填写完整，但必须遵守下面两条规则：

① 各行之中，除自己队伍之外，其他队伍的名字必须各出现一次；

② 各列之中，对阵的两支队伍的名字必须在各自的行中成对出现。

按照这两条规则填表，很大概率会在途中遇到困难。真正动手做了之后才发现，循环赛的赛程安排还真不简单。

轻松确定比赛对手的巧妙方法

但是，也有比较巧妙的方法。首先，如图 5-3 所示，画一个圆（①），并在圆心画上点 A。其次，在圆周上以均等间隔画上 5 个点，分别标记为 B、C、D、E、F。最后，将点 A 和点 B 用线段连接起来，再用与这条线段垂直的线段将剩下的点两两连接起来。在图中用线段连接起来的队伍（A 和 B、C 和 F、D 和 E）要在第 1 周对阵比赛。

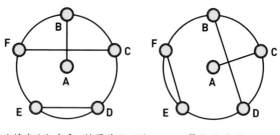

①连接点 A 和点 B，然后将剩下的点用与 AB 垂直的线段连接起来

②旋转 1/5 圈

图 5-3　利用圆自动确定比赛对手

接下来，如图 5-3 的②所示，先连接点 A 和点 C，然后将剩下的点用与 AC 垂直的线段分别连接起来（相当于将①中的 3 条线段旋转 1/5 圈）。在图中用线段连接起来的队伍（A 和 C、B 和 D、E 和 F）要在第 2 周对阵比赛。

以此类推，每次旋转 1/5 圈，然后按照连线安排下周的比赛，重复这一步骤可以完成全部赛程安排。最终的赛程表如表 5-2 所示。

表 5-2　完成的赛程表

周 队伍	1	2	3	4	5
A	B	C	D	E	F
B	A	D	F	C	E
C	F	A	E	B	D
D	E	B	A	F	C
E	D	F	C	A	B
F	C	E	B	D	A

> 用图5-3的方法轻松搞定。

这是一种非常方便和强大的方法，无论有几支队伍，只要队伍数量为偶数就可以使用。

为什么用这种方法可以安排出一套没有矛盾的循环赛赛程呢？

首先，对 A 队来说，它会依次和圆周上的队伍进行比赛，因此可以确定它会和其他队伍各比赛一场。其次，我们来看一下其他队伍的情况。以 B 队为例，它的比赛对手是与点 B 连线的队伍，而这条连线的方向每周旋转 1/5 圈，因此 B 队每次都会连接不同的队伍，经过 5 次之后就相当于它和每支队伍都比赛了一次。其他队伍的情况也是一样的。

一般而言，当队伍数量为 $2n$ 时，连线的方向每周旋转 $1/(2n-1)$ 圈，因此可以确定每支队伍都会和其他队伍各比赛一次。

由此可见，巧妙利用这种"点和线"组成的图，有时可以帮助我们分析出复杂问题的本质并解决问题。

日本职业足球联赛、职业棒球联赛等比赛都采用这种循环赛制。但是，在实际安排赛程时还要考虑一些其他因素。例如，日本职业足球联赛规定每支球队每年要和同一支队伍比赛两场，其中一场是主场，另一场是客场。如果连续客场比赛的话对这支队伍是不利的，因此在安排赛程时必须考虑主客场交替进行。

神轿能不能不重复地通过城里的每一条街道
——继承欧拉的思想

【关键词】一笔画问题

不知道大家有没有听说过"哥尼斯堡七桥问题"？在普鲁士哥尼斯堡（现俄属加里宁格勒）的普雷戈利亚河上有七座桥，这个问题是问"能不能在不走重复路的前提下走过七座桥"。当时的大数学家欧拉证明了这是不可能的，这个问题也因此一举成名。这个问题的思想就是**一笔画**，如图 5-4 和图 5-5 所示。

图 5-4　能不能在不走重复路的前提下通过哥尼斯堡的七座桥

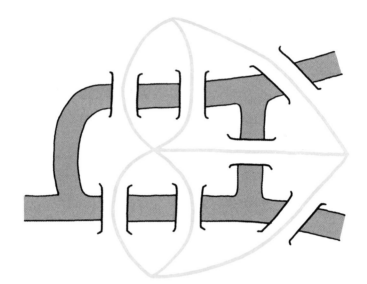

图 5-5　尝试思考能不能一笔画

一笔画的方法在很多地方有应用，比如下面这种情况。假设你负责管理附近神社祭典的神轿①。每年神轿的巡游路线都是固定的，但你发现有些道路神轿会通过多次，有些道路则不会通过。城里的人纷纷表示这样做"不公平"。于是，你想找到一条"从神社出发，经过每条道路各一次后再返回神社"的路线。这样的路线是否存在呢？这就是一笔画方法的一个应用场景。

---

① 神轿是神明所乘的轿子，通常在日本神社祭典活动中会把神像放在神轿里，由人抬着神轿进行巡游。——译者注

图论与一笔画

这个问题可以使用图论来解决。自从欧拉解决"哥尼斯堡七桥问题"之后，这个解法就广为人知了。

我们用线来表示地图上的道路，用点来表示道路交汇的地方，道路尽头的端点也用点来表示。像这种由点和线组成的图形称为**图**。

下面我们先来介绍一些术语。图 5-6 是由点和线组成的图形，因此它是一张"图"。图中的"点和线"分别称为图的**顶点**和**边**。在图 5-6 中，神社的位置也被表示为顶点。

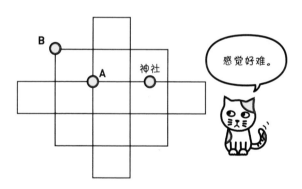

图 5-6　点和线组成的图形叫作"图"

图中每个顶点所连接的边的数量称为这个顶点的**度数**。例如，在图 5-6 中，顶点 A 的度数为 4，顶点 B

的度数为 2，神社所在的顶点的度数也为 2。

在不抬笔的情况下画出图中所有的边，且每条边只能画一次，这样的画法称为图的**一笔画**。如果一笔画可以完成，那么此时笔尖所经过的路线就是我们要求的"神轿巡游路线"。在这里，有以下性质成立：

① 若图中所有顶点的度数均为偶数，则从图的任意顶点出发，一定可以一笔画。

图 5-6 中所有顶点的度数都是偶数。根据性质①，这张图可以一笔画。

练习一下一笔画吧

我们以从神社出发为例，介绍一下一笔画路线的画法。

从神社出发，任意选择要经过的边，注意同一条边（道路）不要重复经过。于是，如图 5-7（左）中实线箭头所示，在经过若干条边之后，会回到起点。这是永远成立的，无论选择走哪条边，一定能回到起点。因为所有顶点的度数都是偶数，所以从某一条边进入顶点

后，一定可以从另一条边出去，只有起点不满足这个
条件。

此时，一般来说会剩余一些还没有经过的边。在这
种情况下，我们可以从图中任意顶点出发，依次经过那
些还没有经过的边。例如，从图 5-7（左）的顶点 A 出
发再回到 A，就可以经过图 5-7（右）中虚线箭头所示
的若干条边，然后再回到 A。这也是永远成立的，因为
顶点的度数都是偶数，所以从一条边进入某个顶点后，
一定可以从另一条边出去。

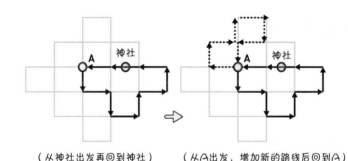

（从神社出发再回到神社）　　（从 A 出发，增加新的路线后回到 A）

图 5-7　一笔画的部分路线（左）和新增路线（右）

于是，我们可以从神社出发，按照原来的路线先
到达 A，然后切换到虚线路线，再次到达 A 后再按原来
的路线返回神社，这样就得到了一条比原来的路线更

长的路线。

重复这一步骤，也就是说，如果还有没经过的边，就从当前得到的路线途中的某一顶点开始尽量走过新的边。此时必然能返回刚才出发的顶点，只要将这条新的路线加入原有路线，就可以得到一条更长的路线。重复这一步骤，直到所有的边都走过为止，这时得到了最终的一笔画路线。

当包含度数为奇数的顶点时

接下来，我们考虑包含度数为奇数的顶点的情况。有以下性质成立：

② 在任何图中，度数为奇数的顶点都有偶数个；

③ 若图中包含 2 个度数为奇数的顶点，则从任意一个奇数度数顶点出发，一定可以一笔到达另一个奇数度数顶点。

一笔画路线的画法如下。从奇数度数顶点（连接边数为奇数的顶点）出发，每条边只经过一次，先到达另一个奇数度数顶点。如果此时还有未经过的边，则按

图 5-7 所示的方法依次增加新的路线即可。

　　像图 5-8 这样，奇数度数顶点的数量有 4 个或更多的话该怎么办呢？这种情况是无法一笔画完成的，只能让重复经过的路线长度尽可能短。在图 5-8 中，◯表示4 个奇数度数顶点。如图 5-9 所示，将这 4 个顶点按距离最近两两配对，然后在每对顶点之间各增加一条边。在图 5-9 中，曲线所示的边就是增加的边，2 个顶点之间可以有多条边相连。

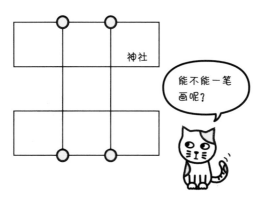

图 5-8　包含 4 个或更多奇数度数顶点的图

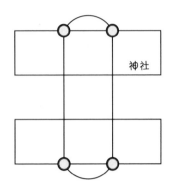

图 5-9 通过增加边，使所有顶点的度数变成偶数

这样形成的图，所有顶点的度数都是偶数，也就可以一笔画了。增加几条边，意味着有几条路线需要经过两次，这是没有办法的事情，这已经是一条尽量确保公平的神轿巡游路线了。

像上面这样将问题用图来表示，就可以利用**图论**的性质来解决问题。对于难以用数值或算式表示的问题，图论是非常强大的工具。

如何通过照片准确计算出两点间的距离
——按 1/4 缩小范围的逼近法

【关键词】射影变换

在电视剧中，大家经常看到在法庭上要求"提交照片作为证据"的桥段。毫无疑问，照片能够记录现场的某一个时间切片，但乍一看，还有很多信息难以通过照片来提取。

"距离"就是一个例子。我的儿子在县足球比赛中踢出了一记精彩的远射，帮助球队取得了冠军。在家给儿子开庆功会时，大家都很关心这一脚远射是从多少米的地方射出的。有人说超过 30 米了，有人说也就 20 多米，莫衷一是。我从自己拍摄的视频里截取了一张射门瞬间的照片（见图 5-10），能不能通过这张照片计算出射门的距离呢？

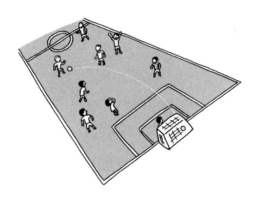

图 5-10　如何推算出射门的距离

寻找能确定"射门位置"的线索

在照片中，距离近的物体看起来更大，距离远的物体看起来更小。直接用尺子在照片上测量显然是不行的，更不要说照片的缩放和冲印尺寸会影响估算结果。

如果照片在某种程度上包含关于球场的信息，是可以确定射门的位置的。通过图 5-10 可以看出，照片清楚地显示了球场的边线，这是可以利用的线索。在拍摄照片时，有以下性质成立：

① 直线拍出来依然是直线；

② 平行线拍出来会变成从一点放射出的一组相交线。

重复使用"4 等分逼近法"

标准足球场的大小如图 5-11 所示，只要能在这张图上确定射门的位置就可以了。

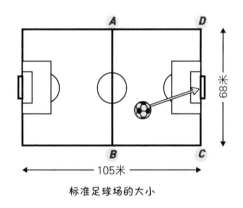

标准足球场的大小

图 5-11 从球场的哪个位置射门

射门位置位于球场右半部分的长方形 ABCD 中。我们可以将这个长方形 4 等分，进一步缩小射门位置的范围。具体方法如图 5-12 所示，按照步骤 (1)、(2)、(3) 分别作图即可：

(1) 分别连接对角线 AC、BD 并找到交点 E；

(2) 过点 E 作 AB 的平行线；

(3) 过点 E 作 BC 的平行线。

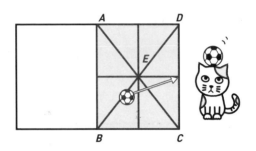

图 5-12　缩小射门位置的范围

接下来，如图 5-13 所示，在原图（图 5-10）上按相同步骤 (1)、(2)、(3) 作图。但是，在作平行线时，必须利用刚才提到的性质②。例如，在步骤 (3) 中，先要延长 DA、CB 使其交于点 F，得到平行线放射的原点，然后用直线连接点 E、F，这样就过点 E 作出了 BC 的平行线。

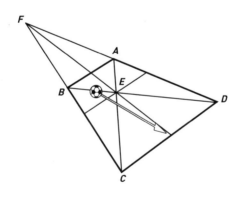

图 5-13　将球场右半部分 4 等分，
将射门位置的范围缩小到原来的 1/4

　　在步骤 (2) 中，需要找到直线 *AB*、*CD* 的交点，这个交点会超出纸面的范围，故在此省略。实际上，只要将照片贴在一张更大的纸上就可以完成作图。由此，我们将射门位置的范围缩小到相当于原来 1/4 大小的长方形中。

　　如图 5-14 所示，重复这一 4 等分操作，直到长方形的大小小到一定程度为止。

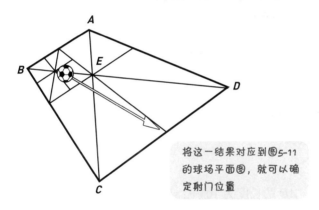

　　将这一结果对应到图5-11的球场平面图，就可以确定射门位置

图 5-14　进一步缩小射门位置的范围

　　最后，如图 5-15 所示，对比球场的平面图，就可以确定射门位置，当然也可以计算出射门距离。

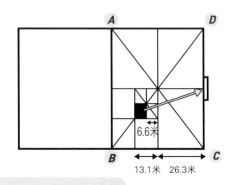

射门位置位于图中黑色长方形范围内

图 5-15　将结果对应到球场平面图，确定射门位置

让我们实际计算一下。已知射门位置位于图 5-15 中黑色长方形范围内，可计算出该长方形平行于 *AD* 边的边长：

AD 的长度为 105÷2=52.5（52.5 米）

其一半为 52.5÷2=26.25（约 26.3 米）

再一半为 26.25÷2=13.125（约 13.1 米）

再一半为 13.125÷2=6.5625（约 6.6 米）

可以算出黑色长方形与球门的距离为：

大于或等于 26.3＋6.6＝32.9（米）

小于或等于 26.3＋13.1＝39.4（米）

也就是说，毫无疑问这是一记超过 30 米的远射。

可以使用射影变换的方法来分析

照片有近大远小的特性，即距离近的物体看起来更大，距离远的物体看起来更小，整个空间是扭曲的。在这样扭曲的空间中进行测量，需要利用一些无论空间如何扭曲都保持不变的性质。上面提到的性质①和性质②，就是这样保持不变的性质。找到保持不变的性质并加以利用，是贯穿数学整体的基本精神。

值得注意的是，在这一方法中，我们没有使用摄影者所在观众席的位置信息。根据照片推测出真实世界中的位置，一般来说需要知道摄影者所在的位置，但在这个例子中是不需要的，因为我们利用了照片中保持不变的性质。

拍摄水平地面上的球场时，真实球场与照片中球场的关系可以用称为**射影变换**的图形变换来表示。在射影变换中，只要知道 4 个点的对应关系，就可以用算式来进行表示。

在这个例子中，只要知道球场 4 个角的点 A、B、C、D 的对应关系，就可以求出具体的算式，再代入照片中射门位置的坐标，就可以计算出其在球场中的位置。这种方法需要一些高级的数学知识，故在此省略，但使用射影变换，不需要作图，只需要一次计算就可以求出答案。请有兴趣的读者尝试一下射影变换吧。

泳池的水多长时间能放完
——水深与流速的关系

【关键词】区间分割

> **问题**
>
> 　　我从今年开始管理市民泳池。夏天快到了，泳池需要换水。原本 1 米深的水，放水 1 小时后水深变为 90 厘米。以这样的速度放水的话，需要多长时间能把水放完呢？有没有什么好办法能大致估算放水所需的时间呢？

　　如果通过"经过 1 小时水深从 1 米变为 90 厘米"这个条件，就轻易得出"1 小时水深减少 10 厘米，水深 100 厘米需要 10 小时"这样的结论，那未免把问题想得太简单了。在这个问题中，我们需要考虑一些"物理"常识。

1 小时减少 10 厘米，总共需要 10 小时？

泳池底部有一个排水口。打开排水口后，水从底部流出。水流出的速度是随泳池水深变化的。因为水是在自身的重力（压力）作用下流出的，所以泳池的水越深，水从排水口流出的速度就越快；水越浅，水从排水口流出的速度就越慢。也就是说，当水深变浅后，就达不到每小时减少 10 厘米的速度了。

先来简单了解一下平方根

要分析水深和流速之间的关系，需要先回忆一下**平方根**的相关知识。

若正数 x 和 y 存在 $x = y \times y$ 的关系，则 x 称为 y 的平

方（y 的二次方），y 称为 x 的 **平方根**。例如，$9=3\times3$，3 的平方是 9，9 的平方根是 3。"x 的平方根"这个写法比较麻烦，通常写作 $\sqrt{x}$，读作"根号 x"。例如，$\sqrt{9}=3$。

除了 9，4、16、25 的平方根（分别为 2、4、5）也是比较常见的例子。

一般来说，对值 x 求平方根的计算比较烦琐，大多数计算器上有一个计算平方根的按钮，只要按一下就可以瞬间求出平方根。

平方根的用途广泛，例如面积为 a 平方米的正方形的边长为 $\sqrt{a}$ 米。

将水深以 10 厘米间隔分割计算

铺垫稍微有点儿长，下面我们回到泳池的问题。

在这里，我们需要利用下面这一性质：

水深为 x 厘米时，从泳池底部流出的水的流速与 x 的平方根 $\sqrt{x}$ 成正比。

重新读题整理一下条件，水深 1 米（100 厘米）的泳池，打开排水口 1 小时后，水深变为 90 厘米，也就是说，这 1 小时水位下降了 10 厘米。

根据这一数据，我们以 10 厘米为间隔，预测泳池水位再下降 10 厘米需要花多长时间，结果如表 5-3 所示。

表 5-3　泳池水位每下降 10 厘米所需的时间（估算）

水位变化	平均水位 x	x的平方根 $\sqrt{x}$	水位下降10厘米所需时间
从100到90	95	9.7	$9.7 \div 9.7 \approx 1.0$
从90到80	85	9.2	$9.7 \div 9.2 \approx 1.1$
从80到70	75	8.7	$9.7 \div 8.7 \approx 1.1$
从70到60	65	8.1	$9.7 \div 8.1 \approx 1.2$
从60到50	55	7.4	$9.7 \div 7.4 \approx 1.3$
从50到40	45	6.7	$9.7 \div 6.7 \approx 1.4$
从40到30	35	5.9	$9.7 \div 5.9 \approx 1.6$
从30到20	25	5.0	$9.7 \div 5.0 \approx 1.9$
从20到10	15	3.9	$9.7 \div 3.9 \approx 2.5$
从10到0	5	2.2	$9.7 \div 2.2 \approx 4.4$
合计			**17.5** 小时

第 1 列表示每隔 10 厘米的区间；第 2 列表示该区间的平均水位 x；第 3 列表示 x 的平方根 $\sqrt{x}$，这一列的值是用计算器计算后四舍五入保留一位小数的结果。

通过第 3 列的数值可以看出，当水位下降时，单位时间内流出的水量会减少。一开始是以与 $\sqrt{95} \approx 9.7$ 成正比的流速放水，此时 1 小时水位下降 10 厘米。下一个区间是以与 $\sqrt{85} \approx 9.2$ 成正比的流速放水，我们可以预测，此时水位下降 10 厘米所需的时间约为 1.1 小时（ $9.7 \div 9.2 \approx 1.1$ ）。

以此类推，以第一个 1 小时的流速 9.7 为基准，除以水位为 x 时的流速 $\sqrt{x}$，我们可以预测出水位下降 10 厘米所需的时间。

最后将这些时间相加，如表 5-3 右下角所示，我们可以计算出，放完泳池的水大约需要 17.5 小时。

但是，这个预测时间严格来说并不准确，只是一个近似值。由于"水位是连续下降（变化）的"，因此水的流速也是连续下降（变化）的。然而，表 5-3 假设每 10 厘米区间内水的流速是"一定"的，因此这样的方法只能得到近似值。如果我们将 10 厘米的分隔区间变成间隔更小的区间，就可以提高预测精度，让结果更加接近准确值。

用微分方程可以求出准确值

即便只能得到近似值，我们也动了脑筋，用 10 厘米间隔分割区间的方法得出了答案，这是解决问题的一种方法。但是，如果依然采用同样的方法，哪怕将区间缩小到 5 厘米、1 厘米、5 毫米……依然只能得到近似值。很遗憾！难道我们只能求出近似值，而没办法计算出准确值吗？

办法是有的。我们不能将连续变化的量通过分割的方法来近似，而是需要使用一种被称为**微分方程**的工具来解决。微分方程的难度很高，超出了本书所涉及的范围，但有兴趣的读者可以挑战一下。使用微分方程，不需要像表 5-3 所示的那样用计算器来列表计算，求出的值也不是近似值。你对数学的了解越深入，就越能使用更方便的工具来解决问题。

第6章

数学

其他一些有用的

用"数学"写出更易读的文章
——和已经出现的话题之间的距离，和说话人之间的距离

【关键词】语言与数学

市面上有很多讲写作技巧的书。当然，文豪的文章的确有其独特的笔法和世界观，要达到那样的境界是很难的，但写出"易读的文章"所需的技巧其实是存在的。

只要遵从两个技巧就能写出易读的文章

对于一篇易读的文章，其中一个判定标准是：

在不知道作者要表达什么的状态下，阅读的时间应尽量短。

要做到这一点，其实值得介绍的技巧只有两个：

① 按照与当前话题距离由近及远的顺序安排语序；

② 按照与说话人距离由近及远的顺序安排语序。

在这两个技巧中，技巧①的优先级更高。当"与当前话题的距离"相同时，则使用技巧②。

请思考以下句子：

** 现在我正在读一本很有趣的书。从朋友那里我妹妹昨天借的这本书。

（* 表示不易读的程度。* 越多，表示越不易读。）

语法上没错但让人感到"不适"的句子

在日语的语法中，语序的选择非常自由 [①]。如图 6-1 所示，第一句话中的"现在""我""一本很有趣的书"都是和"读"相关的，无论语序如何变化，都不违背日语的语法规则。第二句话也一样，改变"从朋友那

---

① 日语属于一种典型的黏着语，即单词在句子中的语法功能是通过在单词后面加上不同的黏着语素（如格助词）来实现的，基本不受语序变化的影响，所以作者说日语的语序选择非常自由。由于日语的这一语言特性与汉语有所不同，因此本节的内容并不完全适用于汉语的表达，请各位读者理解。——译者注

里""我妹妹""昨天""这本书"的语序也不违背日语的语法规则。因此，例句在语法上是没有问题的。

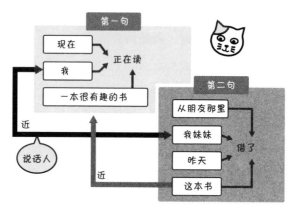

图 6-1 例句的结构

但是，我们会感觉第二句话没有与第一句话很好地衔接。下面我们结合之前提到的两个技巧来解释产生这种不适感的原因。

首先看技巧①。第一句话中的信息对于读者来说都是新的，因此，只要符合日语的语法规则，采用什么样的语序都没有问题。

但第二句话所出现的词语中，"朋友""妹妹""昨天"这 3 个词是新的信息，距离当前已经出现的话题较远。相反，"这本书"指的是第一句话中提到的那本书，因此距离当前已经出现的话题非常近。于是，根据技巧①，应该把第二句话中的"这本书"移到最前面，即将语序调整为：

现在我正在读一本很有趣的书。这本书是从朋友那里我妹妹昨天借的。

此处需要改变一些词的形式以符合日语的语法规则。

接下来看技巧②。第一句话中的"我"是这句话的说话人，也就是距离说话人最近的词。因此根据技巧②，应该将句子开头的"现在我"改成"我现在"。此外，第二句话中的"朋友"如果指的是妹妹的朋友，那么从说话人来看，显然"妹妹"比"妹妹的朋友"离得更近，因此根据技巧②，应该将"从朋友那里我妹妹"改成"我妹妹从朋友那里"。应用上述所有修改后，句子变成这样：

我现在正在读一本很有趣的书。这本书是我妹妹昨天从朋友那里借的。

这样一来，第一句话和第二句话之间的衔接就变得更流畅，而且句子也变得更易读了。

"距离"不仅是数值，也是大小关系

像这样，以"与当前话题的距离"及"与说话人的距离"为基准来衡量词语的距离，将距离近的词语放到前面，是让写出的文章变得易读的秘诀之一。

"距离"是数学中的基本概念之一。但是，距离是不是只有用数值表示才有意义或才有实用价值呢？

并非总是如此。在本节的例子中，我们没有为距离设定具体的数值，而只是比较了两个距离之间谁更近、谁更远这样的大小关系（或者说是顺序关系），就已经具有实用价值了。数学思想的作用并不仅限于通过数值表达和计算来得出答案，除此之外还有很多发挥作用的地方。

在本节的例子中，我们将句子改成"我现在"这样的语序，但一定会有人表示完全接受"现在我"这样的语序。如果你是这样的人，那么遵从自己的直觉就可以了。

"距离"这种数理工具，只是在不知道该怎样选择的时候用来参考的工具而已，并不是绝对的标准。

模拟地震逃生
——与常识相悖的"意外结论"

【关键词】元胞自动机

日本政府规定，每年 9 月 1 日是防灾日，每年 11 月 5 日是海啸防灾日。9 月 1 日是为了纪念 1923 年（大正十二年）9 月 1 日发生的关东大地震，此外这一天是立春后的第 210 天，也有预防台风灾害的意思在里面。11 月 5 日是为了纪念 1854 年（安政元年）发生的安政南海地震（前一天还发生了安政东海地震）。在那次地震中，海啸袭击了和歌山县广村（现广川町），据说是村长滨口梧陵点燃稻草堆，将村民引导到高处从而逃过一劫，从此以后"稻草堆的火"成了海啸防灾的象征。

自 2011 年 3 月 11 日 [①] 以来，日本各地市镇自治团体都积极进行各种防灾演习。在演习过程中，尤其是在逃出建筑物进行避难时，通常会指挥大家"不要慌，要

---

① 这一天发生了东日本大地震，这次地震的强度达到 9.0 级，在日本东北地区（岩手县、宫城县、福岛县等）造成了严重灾难，并导致福岛第一核电站发生核泄漏。——译者注

冷静，慢慢走"，但这不免令人产生疑问，这样的演习到底有没有实际意义？如果不是演习，而是实际发生了灾害，人们一定会慌不择路、夺命而逃吧……

"冷静避难"是个好办法吗？

下面，我们从数学的视角来思考一下到底怎样才是"高效的避难方法"。

假设现在有很多人要逃到建筑物外面去避难。如果所有人都全速冲向出口，那么出口附近会变得十分拥挤，人与人之间的碰撞导致人流阻塞在出口处。而且，全速奔跑即便是年轻人也有在楼梯等地方摔倒的风险，更不要说老人、小孩等不同年龄层的人群。全速奔跑也有撞到他人的风险，这肯定不是一种好的避难方法。

因此，有秩序地慢慢走应该是最好的避难方法。肯定有很多人会对此感到疑惑："看起来可能是这么回事，但这真的就是最好的方法吗？"看了下面的说明，你应该会同意这样的观点。

用"移动规则"进行模拟

如图6-2所示，将方形格子排成一排，用于表示一个狭长的走廊。出口位于最右侧，每个格子代表一个人所占据的空间，〇代表格子中有一个人。

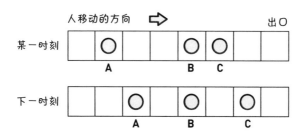

图6-2 表示人流的元胞自动机

人在走廊中从左向右（往出口方向）移动。此时，有如下规则：

当〇右侧相邻的格子为"空"时，可以在下一时刻移动到右侧相邻的格子。若右侧相邻的格子中有〇，则下一时刻依然停在原地。

例如，在图6-2的上图中，A和C右侧相邻的格子都为"空"，于是它们在下一时刻会如图6-2的下图所示，移动到右侧相邻的格子，但 B 在下一时刻只能停留在原地。

我们可以将图 6-2 看作人在走廊中从左向右移动时的情况。这里的移动规则表示"当前面有空间时就前进，当前面堵住时就原地等待"。这种表示人的移动情况的图称为**元胞自动机**。

用元胞自动机对比避难方法

利用元胞自动机，我们可以对两种避难方法进行对比。

图 6-3 最上面的图表示 4 个人之间各空 1 格，即所有人前面都是"空"的情况。将这种状态设为时刻 0，随着时间的推移，每个时刻的状态变化依次如下面的图所示。所有人每个时刻都能前进 1 格。当到达时刻 8 时，所有人都能从最右侧的出口离开。

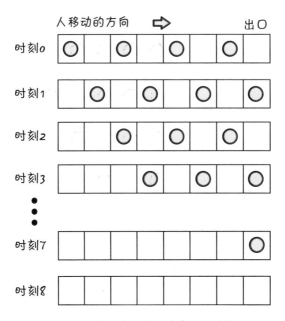

图 6-3 前面有空时，就能顺利避难

接下来，图 6-4 最上面的图表示 4 个人挤在一起的情况。此时，4 个人的平均位置比图 6-3 中时刻 0 时 4 个人的平均位置要靠右（离出口更近）。

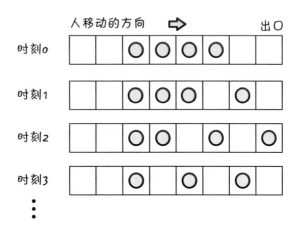

图 6-4 前面拥挤时的避难情况

根据移动规则让〇移动，结果依次如图 6-4 下面的图所示。这张图在时刻 3 的状态和图 6-3 在时刻 2 的状态相同，因此后面的变化与图 6-3 相同，只是晚了一个时刻。结果，要到时刻 9 所有人才能离开出口，也就是比图 6-3 所示的情况花费了更长的时间完成避难。

通过元胞自动机观察发现，确保前面留出充足的空间有序前进，比紧紧挤在一起前进能更快完成避难。而且，正如之前所说，奔跑容易摔倒，所以和平常一样有序走出建筑物是最高效的避难方法。

将避难这种复杂的人群移动通过元胞自动机这样简单的规则表示出来，希望大家通过这个例子体会到这种简单方法的魅力。像这样将现象用容易理解的方式表示出来的做法称为**建模**，它是使用数学解释自然现象和社会现象最重要的一个步骤。

买再多彩票也中不了奖

——只能当成捐赠了……

【关键词】期望值

每到发行 JUMBO 彩票时，东京西银座的彩票售卖处都会排起长队[①]。买彩票的人希望能一攫千金，但其实不管在哪里买，中奖概率都是一样的。增加发行数量的话，中奖的彩票数量会增加，但与此同时，不中奖的彩票数量也会增加。

下面我们就来探讨一下彩票吧。

彩票的中奖号码是在发行结束后用公平的方法（例如，在很多人的见证下，用箭射向一个写有数字的旋转圆盘）选出的。持有中奖号码彩票的人可以获得一大笔奖金。

如果运气特别好，买到了带有中奖号码的彩票，就可以用便宜的价格（1 张 300 日元[②]）获得高达数亿日元的回报。

---

① JUMBO 彩票是一种在日本具有代表性的彩票。这里的西银座指的是一个名叫"西银座 Chance Center"的彩票售卖处，因曾出现过多位亿万大奖得主而闻名，成了日本买彩票的"圣地"，高峰期排队时间长达几小时。——译者注

② 300 日元约合人民币 15 元。——译者注

　　但是，接下来才是关键。彩票的销售额并非全部用来支付中奖者的奖金，其中用于支付中奖者奖金的比例称为**返奖比例**。一般彩票的返奖比例不到 1/2[①]，其余金额归彩票发行方所有，其中一部分用于支付彩票印刷、销售所需的费用，其余则用作其他用途。

　　当然，并不是说谁都能随便销售彩票，未经许可销售彩票是违法行为，只有地方自治体[②]等经过政府许可的特殊机构才能销售彩票，且法律规定彩票的返奖金额不得超过销售额的 50% 再加上附加金额（如乐透 6 彩票的滚动奖金等）。扣除用于支付中奖者奖金的金额之后，剩余金额将用于地区医疗振兴等事先确定好的公共

---

① 此处及下文提到的彩票返奖比例等皆为日本的情况，与我国有所不同。——译者注

② 地方自治体指的是日本的地方行政机关，可近似理解为地方政府，知事、市长等地方行政官员都属于地方自治体。

——译者注

事业用途。本质上，发行彩票是一种从有多余财力的人那里为公共事业进行集资的机制。

在购买彩票时，我们不知道花出去的钱当中有多少会作为奖金返回自己手中，因为彩票可能中奖，也可能不中奖。在这种不确定的情况下，可以将所有人支付的金额中返奖的平均金额作为参考，这样的数值称为**期望值**。彩票奖金的期望值是自己购买彩票所花费的金额乘以返奖比例。

由于返奖比例不超过 50%，因此花 300 日元买一张彩票，其奖金的期望值不超过 150 日元。

有钱人对公共事业的捐赠

由此可见，买彩票意味着平均情况下会损失一半的钱。因为发行彩票的目的是"从有多余财力的人那里为公共事业进行集资"，所以这样的结果是理所当然的。换句话说，买彩票是为公共事业进行"捐赠"。若是为了让钱变多而去买彩票，从根本上就是事与愿违的。

中一等奖的人会得到巨额的奖金，因此中奖者人数非常少，这对于期待"回报"的人来说并不是一个好消息。从所有购买者收集到的钱，会以非常不平均的方式分配给极少数的人。虽说奖金的期望值大约是一半，但那只是一个在购买大量彩票的情况下所得到的平均值而已。大多数人的回报不要说一半，基本是血本无归。比如说买单价 300 日元的 10 连票，这 10 张彩票里面大约有 1 张能中 300 日元的小奖，也就是说，很多人花 3000 日元买彩票，结果只能得到 300 日元的回报，也就是 10%。

现在大家应该能明白为什么说为了让钱变多而去买彩票是事与愿违的了吧？彩票这种东西，让那些有多余财力而且"想要支持公共事业"的人去买就好了（要是在申报税款时买彩票的钱能作为捐款进行抵扣就好了）。

想要通过买彩票一攫千金、不劳而获，这种想法从根本上就是错误的，这样想的人该醒醒了。希望这些人通过计算期望值及看到花 3000 日元才收回 300 日元的现实，能够幡然醒悟，重拾努力奋斗的初心。

为什么雪屋要造圆顶
——通过力的合成产生"向上的力"

【关键词】向量的力量

在多雪地区建造雪屋时，可能大家认为建成方方正正的形状没问题，但事实上我们见到的都是圆顶的雪屋。之所以不用平顶而用圆顶，是有道理的。这是为了让建筑物更加坚固所采用的设计。

从斜下方支撑的方式

雪屋的墙壁和屋顶是由连在一起的雪块构成的。为方便起见，我们将雪块看作像砖块那样可以分割的结构来考虑。

首先，如图6-5所示，采用在一块方形砖的两边各放一块砖的方式来修建屋顶。要让中间的一块砖不掉下去，两侧的砖必须用非常大的力将其夹住。两侧往中间夹得越紧，意味着砖块之间的摩擦力越大，从而防止砖块掉落。

其次，如图6-6所示，将中间的砖块换成梯形砖块，两侧的砖块从短边的斜下方支撑起来。在这种方案中，两侧的砖块不需要夹得很紧，就可以将中间的砖块支撑住。实际上，两侧的砖块并不是从水平方向，而是从斜下方支撑中间的砖块。因此，只要两侧的砖块不动，中间的砖块就不会掉落。

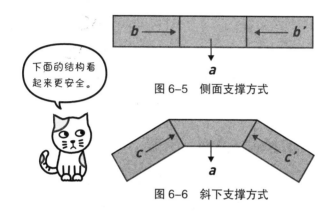

图 6-5 侧面支撑方式

图 6-6 斜下支撑方式

一般而言，力具有大小和方向两个属性，可以用带箭头的线来表示，其中箭头所指的方向表示力的方向，线的长度表示力的大小。这样的量称为**向量**。

当两个力 a、b 进行合成时，如图 6-7 所示，在 a 和 b 作为两条邻边构成的平行四边形中，对角线 c 代表合成后力的方向和大小。这称为**力的合成法则**。

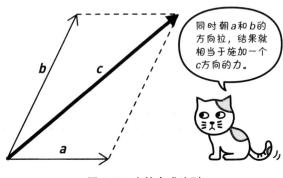

图 6-7　力的合成法则

平顶雪屋和圆顶雪屋

让我们使用带箭头的线再来分析一下雪屋的情况。使中间的砖块下落的是重力，可以用图 6-5、图 6-6 中向下的箭头 a 表示。

砖块之间的力是垂直于接触面的，图 6-5 中砖块之间受到彼此相反的水平方向的力 b 和 b'，合成后不能产生向上的力。在这种情况下，需要通过另外的摩擦力来支撑砖块。

在图 6-6 中，支撑砖块的力 c 和 c' 是朝向斜上方的，合成后如图 6-8 所示，会形成一个向上的力 d，从而抵消重力 a 的作用。因此，不依赖摩擦力也可以支撑起中间的砖块。

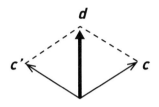

图 6-8　产生向上的力

如果像图 6-5 这样从两侧支撑构成屋顶的砖块，需要非常大的力，而像图 6-6 这样从斜下方支撑的话，就不需要那么大的力。相对而言，如果把雪屋造成圆顶的，如图 6-9 所示，屋顶的砖块会形成从斜下方支撑的力，也就降低了屋顶坍塌的风险。

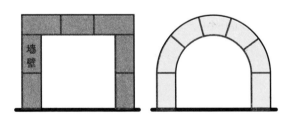

图 6-9　圆顶雪屋比平顶雪屋能承受更大的力

也许有人会认为方方正正的建筑能够提高内部空间的利用率，但如果优先考虑安全性，还是圆顶更好一些。大家能不能明白这个道理呢？

　　还有其他一些建筑也采用了和雪屋一样的圆顶设计，例如隧道的顶部、教堂的圆顶、棒球场的穹顶、拱桥、拱门等。这些建筑都体现了用较小的力安全支撑起顶部的设计思想。

后 记
——有用的"工程数学"思想

正如我在"前言"中所提到的,本书从《孩子的科学》的连载专栏中,选取了一些"希望给成年人读一读"的话题,并将其中的例子针对成年人进行了修改。但是,我并没有因为要面向成年人,就把内容改得更难。本书的目的,是想让觉得数学离自己很遥远的人感受到学点儿数学知识也没什么坏处,因此内容依然保留了简单易懂的风格。

如果是面向比较了解数学的成年人,确实可以拿微分方程这个工具来讨论,但我依然保留了用四则运算求近似值的朴素方法。如果大家能通过这样的"笨办法"感受到数学在工程中的有用性(工程数学),那我便感到十分欣慰了。

我在写作本书的过程中得到了很多人的帮助。从连载内容的策划、编辑开始一直给我提供帮助的柳千绘女士、榎香织女士、土馆建太郎先生,以及对连载原稿进行润色并提升内容广度的畑中隆先生,在此向以上诸位表示衷心的感谢。

版 权 声 明